AF325844

MANUEL

DU CAVALIER.

DEUXIEME PARTIE.

ABRÉGÉ

DU COURS D'ÉQUITATION

MILITAIRE,

A l'usage de l'École royale de Cavalerie.

NOUVELLE ÉDITION,

REVUE, CORRIGÉE ET AUGMENTÉE.

P. Godet, impr, et Dubosse, lib., éditeurs.

SE TROUVE A SAUMUR,

Chez Dubosse, libraire de l'école royale
DE CAVALERIE.

—

1840.

Les exemplaires exigés par la loi ont été déposés, et nous poursuivrons tout contrefacteur de cet ouvrage.

Les Editeurs,

MANUEL DU CAVALIER.

ABRÉGÉ

DU COURS D'ÉQUITATION

MILITAIRE.

INTRODUCTION.

On entend par *Équitation militaire* la réunion des connaissances théoriques et pratiques relatives au cheval, et à son application aux exercices et travaux de l'art militaire.

Le Cours d'équitation militaire est divisé en quatre parties, savoir :

1re PARTIE : Connaissance, tant intérieure qu'extérieure, du cheval.

2e PARTIE : Emploi du cheval.

3e PARTIE : Conservation du cheval.

4e PARTIE : Haras et Remontes.

L'*anatomie* est la science dont l'étude importe le plus à l'équitation militaire, parce qu'elle donne la connaissance de toutes les parties qui composent le corps des animaux.

1re PARTIE.

Connaissance du Cheval.

TITRE PREMIER.

DE L'INTÉRIEUR.

ARTICLE PREMIER.

INDICATION DES PARTIES QUI FORMENT LA STRUCTURE DU CHEVAL.

Les parties constituantes du corps sont *solides* ou *fluides*.

Le *sang*, principe générateur de tous les tissus, est le plus essentiel des fluides ; il est contenu dans des canaux nommés *artères* et *veines*.

Les tissus, considérés dans leurs formes diverses, présentent des *fibres, membranes, vaisseaux, glandes, nerfs, os, cartilages, ligamens, muscles, tissu cellulaire, peau.*

Les *organes* servent à l'accomplissement des fonctions qui constituent l'existence : les *viscères* sont les principaux organes, tels que le cœur, le foie, etc.

On appelle *fonction* le travail d'un ou de plusieurs organes, et *force vitale* le principe qui met en jeu toutes les parties constituantes du corps.

Les organes qu'il faut plus particulièrement apprendre à connaître sont les *os, certains muscles*, et la *peau :*

Les *os,* parce qu'ils forment la charpente du corps de l'animal, et qu'ils en déterminent les principales proportions ;

Les *muscles,* parce qu'ils font agir les différentes parties du corps ;

Et enfin la *peau,* parce que, outre qu'elle sert d'enveloppe à tous les tissus et qu'elle les préserve du contact de certains corps extérieurs, elle est le siége de fonctions importantes à la santé du cheval.

ART. 2.

DU SQUELETTE.

Un *squelette* est la réunion des os d'un même animal, fixés dans leur position naturelle.

§ 1er. *Des os.*

Les os sont composés :

1° *D'un parenchyme ,* trame fibreuse dans les porosités de laquelle se dépose une substance calcaire, qui donne aux os leur couleur blanchâtre et les rend durs et de plus en plus cassans avec l'âge.

2° *D'un périoste*, membrane qui les enveloppe ;

3° *De la moëlle*, suc huileux qu'ils recèlent.

La forme des os présente des *éminences* et des *cavités*.

Les *éminences* sont généralement désignées sous le nom d'*apophyses* quand elles font corps avec l'os, et d'*épiphyses* quand elles en sont séparées par une couche de cartilages. Les épiphyses du poulain deviennent apophyses dans le cheval.

Les éminences et les cavités sont dites *articulaires*, quand elles s'emboîtent les unes dans les autres et servent ainsi à former une articulation ; et *inarticulaires*, quand elles n'ont pas cette destination.

Les os sont réunis entr'eux par des cartilages et surtout des ligamens : la réunion de deux ou plusieurs os forme une *articulation*.

Il y a trois sortes d'*articulations :* les *mobiles*, les *immobiles* et les *mixtes*.

On divise les articulations *mobiles* en articulations :

Par *genou ;*

Par *charnière parfaite* ou *imparfaite ;*

Par *pivot ;*

Par *coulisse.*

L'articulation par *genou* a des mouvemens en tout sens, comme l'os de la cuisse sur l'os du bassin.

L'articulation par *charnière parfaite* ne permet que l'extension et la flexion, ainsi que l'exécutent la plupart des rayons des membres. La *charnière imparfaite* permet de plus des mouvemens sur le côté, comme la mâchoire postérieure sur le crâne.

L'articulation par *pivot* se meut par rotation, c'est-à-dire en tournant sur place; on n'en trouve qu'un exemple, l'articulation de la seconde vertèbre du col avec la première.

L'articulation par *coulisse* indique deux os qui glissent l'un sur l'autre, comme la rotule sur l'os de la cuisse.

Les articulations *immobiles* appartiennent particulièrement aux os de la tête, qu'elles fixent solidement entr'eux.

Les articulations *mixtes* joignent la presque totalité des vertèbres et des os du tronc; elles les unissent solidement, en leur permettant cependant une légère mobilité en tout sens.

§ II. *Description du squelette* (Pl. I).

On divise le squelette en trois parties : TÊTE, TRONC et MEMBRES.

La TÊTE est formée par des os qui ont plusieurs cavités intérieures et extérieures. Celles intérieures sont le *crâne*, le *nez* et la *bouche;* celles extérieures, les *orbites* (*a*) et les *fosses temporales* (*b*).

Le *crâne* forme une espèce de boîte, dans laquelle sont renfermés le cerveau et ses accessoires. Il est formé par plusieurs os qui sont :

1° L'os de la nuque (*occipital* 3), qui constitue le dessus de la tête;

2° Les os du front (*frontal* 1), et *pariétaux* 2);

3° Les os des tempes (*temporaux* 4); ils sont situés sur les côtés de la tête.

Les os qui forment le *nez* sont, au dehors, les *os du nez* (5), au dedans les *cornets;* ils sont terminés par les *ailes du nez (i).*

Les *lacrymaux* (6) et les os des joues ou *zygomatiques* (7), concourent à réunir la machoire au crâne.

La *bouche* est formée par deux mâchoires; l'une, dite *antérieure* ou *immobile*, fait corps avec les os du nez et suite à ceux du crâne. Elle a deux os de chaque côté, les *grands* (8) et les *petits* (9) *maxillaires*. L'autre mâchoire, appelée *mobile* ou *postérieure* (10), a pour base un seul os en forme de V, qui est le plus grand de ceux de la tête.

Le TRONC a pour base, dans son milieu, la colonne vertébrale, composée des *vertè-bres* articulées à la suite les unes des autres.

Les vertèbres forment trois régions : 1°
celles du col ou *vertèbres cervicales* (11),
au nombre de sept. La première, dite *at-
loïde* (A), s'articule par pivot avec la seconde, dite *axoïde* (B).

2° La région du dos ou *vertèbres dorsa-
les* (12), au nombre de dix-huit ; les 3ᵉ, 4ᵉ,
5ᵉ et 6ᵉ forment le garrot : le *ligament cer-
vical* (*), qui soutient la tête sur le tronc,
s'attache à ces vertèbres et aux os de la nuque.

3° La région du rein, ou *vertèbres lom-
baires* (13), au nombre de six.

Les vertèbres offrent plusieures *éminences* ou *apophyses ;* on appelle *transverses*
celles qui sont sur le côté ; *épineuses,* celles
de leur milieu supérieur.

Les autres os du TRONC sont :

Les *côtes,* au nombre de dix-huit de chaque côté : les neuf premières sont dites *vraies
côtes (sternales* 16 *)* , parce qu'elles s'u-
nissent intimement au sternum ; les neuf
dernières sont les *fausses côtes (asterna-
les* 17 *)* , qui ne s'unissent au sternum que
par un prolongement cartilagineux.

Le *sternum* (18), os à moitié cartilagineux, qui solidifie l'ensemble de la poitrine.

L'os de la croupe (*sacrum* 14), qui
suit les vertèbres du rein et qui leur ressemble, quoiqu'il soit d'une seule pièce.

Les os ou *vertèbres* de la queue (*coxy-
giens* 15), au nombre de quinze à dix-huit.

L'os du bassin (*coxal*) forme antérieurement et supérieurement le sommet de la croupe, latéralement les hanches (*ilions* 19), et postérieurement la pointe des fesses (*ischions* 20). Sa partie moyenne et intérieure constitue le *pubis* (21). Sur les côtés externes de cet os, se trouve la *cavité cotyloïde*, qui reçoit l'os de la cuisse.

Les MEMBRES sont divisés en *membres antérieurs* et *membres postérieurs*.

Les os des *membres antérieurs* sont :

1° L'os de l'épaule (*omoplate* 33), qui est aplati ;

2° L'os du bras (*humérus* 34) ;

5° L'os de l'avant-bras (*cubitus* 35) ; il offre postérieurement, à sa partie supérieure, une apophyse (*olécrâne f*) base du coude ;

4° Les sept os *du genou* (36) sur deux rangs, *l'os crochu* (*g*) en arrière ;

5° L'os *du canon* (37), qui présente en arrière et en haut les *péronés* (*x*), et en bas les *sésamoïdes* (38) ;

6° L'os *du pâturon* (39) ;

7° L'os *de la couronne* (40) ;

8° L'os *du pied* (41) :

9° L'os *naviculaire*.

Les os des membres postérieurs sont :

1° L'os de la cuisse (*fémur* 22). A sa partie inférieure se trouve *la rotule* (25), base du grasset ;

2° L'os de la jambe (*tibia* 24), avec un péroné (*x*) ;

3° Les six *os du jarret* : l'un appelé la *poulie* (26) se joint à l'os de la jambe ; un autre en arrière se nomme le *calcanéum* (25), les autres sont dits *irréguliers* (27) ;

4° Enfin, les os inférieurs au jarret sont les mêmes que dans les extrémités antérieures, avec cette différence qu'ils sont un peu plus alongés, et celui du pied est plutôt ovale que rond.

Art. 3.

DES MUSCLES ET DE LA PEAU.

§ Ier. *Des muscles et tendons.*

Les *muscles* sont composés de deux sortes de fibres : les unes *rouges*, susceptibles de se contracter, forment *la chair* ; les autres *blanches*, essentiellement résistantes, sous forme de corde, constituent *les tendons*, et servent à transmettre l'action des fibres rouges.

Lorsque ces fibres blanches sont disposées en manière de toiles, appelées *aponévroses*, elles servent à resserrer les muscles pour augmenter leur force de contraction.

Lorsqu'un *muscle* se *contracte* pour faire mouvoir un organe, on nomme *origine* du muscle l'extrémité qui, ne bougeant pas, sert de point d'appui à son action ; le point opposé est nommé *son insertion*. L'action du cheval de se câbrer ou de ruer, est le résultat du changement des points d'appui d'*origine* et d'*insertion* des muscles qui l'exécutent.

On reconnaît des muscles *simples, composés, pairs* ou *impairs*. On les dit *congénères* lorsqu'ils concourent au même mouvement, et *antagonistes* lorsqu'ils opèrent des actions contraires.

Enfin, on les appelle *extenseurs, fléchisseurs, adducteurs, abducteurs*, etc., selon le mouvement qu'ils produisent.

On n'examine les muscles que dans l'intérêt des formes, et pour connaître et expliquer les mouvemens. Sous ce dernier rapport, le meilleur moyen est de consulter le genre des articulations, qui explique le jeu possible des os, jeu que les muscles ne peuvent jamais outrepasser.

Les muscles les plus intéressans à étudier sont :

1° Ceux de l'encolure, qui en constituent la masse charnue, et déterminent ses divers mouvemens d'élévation, d'abaissement et de flexion latérale ;

2° Ceux du garrot et de l'épaule, qui servent au mouvement des membres antérieurs, et déterminent les formes de ces parties ;

5° Ceux des hanches et de la cuisse, pour la même raison ;

4° Enfin les *extenseurs* et les *fléchisseurs* du pied : il est important surtout de savoir apprécier, à la vue et au toucher, le *perforant*, le *perforé* et le *suspenseur du boulet*.

§ II. *De la peau.*

La *peau* est formée de trois membranes superposées : l'intérieure est le *derme* ou le *cuir* proprement dit; l'intermédiaire est le *tissu réticulaire*, organe du *tact*; l'extérieure est l'*épiderme*, insensible de sa nature et susceptible de se régénérer.

La *peau*, au moyen d'une multitude de petits trous appelés *pores*, laisse échapper au dehors la transpiration, et peut recevoir et transmettre à l'intérieur des fluides et différens corps.

Il y a deux sortes de *transpirations :* l'une, dite *insensible*, est nécessaire à la santé de l'animal, parce qu'elle le débarrasse d'une grande partie de matières inutiles et même nuisibles : c'est cette transpiration qui produit surtout la crasse que le pansage enlève.

L'autre transpiration, dite *sensible*, s'annonce par la *sueur*, et est ordinairement produite par un état forcé.

Les *poils* sont implantés dans la peau, et se régénèrent, ainsi que la *corne*, par le tissu réticulaire.

ART. 4.

DES FONCTIONS.

On divise les fonctions en *fonctions d'entretien, fonctions de relation* et *fonctions de génération.*

Il est à remarquer que toutes les fonctions s'enchaînent et se lient de façon à influer mutuellement les unes sur les autres, et que l'exercice et le défaut d'action de chacune apporte des différences sur le travail de toutes.

§ Ier. *Fonctions d'entretien.*

Il y a quatre fonctions d'entretien : la DIGESTION, la RESPIRATION, la CIRCULATION et la NUTRITION.

La DIGESTION est la fonction par laquelle s'opèrent les changemens que les alimens éprouvent dans le corps, depuis leur entrée par la bouche jusqu'à leur sortie.

L'objet de la digestion est d'extraire de ces alimens un suc appelé *chyle,* qui sert à former et à entretenir l'animal. Le repos est nécessaire dans le premier moment de la digestion, pour que cette fonction s'accomplisse utilement.

Les organes principaux de la digestion sont : la *bouche,* l'*œsophage,* l'*estomac* et les *intestins*, qui forment un long canal commençant aux lèvres et se terminant au rectum : les parties accessoires sont les *glandes, membranes, vaisseaux* et *réservoirs* placés autour de ce canal.

La RESPIRATION consiste dans l'introduction de l'air, et dans son expulsion de la poitrine, après avoir communiqué au sang, par son contact avec lui dans les poumons, les qualités qui lui sont indispensables.

Cette fonction a pour organes les *cavités nazales*, la *trachée-artère* et le *poumon*; elle s'accomplit par les mouvemens alternatifs d'*inspiration* et d'*expiration*, qui se succèdent régulièrement, mais de manière que l'inspiration est toujours plus longue que l'expiration. Cette régularité ne doit être troublée que par une inspiration plus forte et une expiration nommée *soupir*, qui ont lieu chaque cinquième ou sixième respiration. Un exercice violent accélère beaucoup ces mouvemens, dont la régularité, dans l'état de repos, est presque le seul signe indicateur de l'intégrité de la poitrine.

La CIRCULATION est la fonction par laquelle le sang est apporté dans toutes les parties du corps, par un mouvement alternatif du centre à la circonférence et de la circonférence au centre; le *cœur* en est le principal organe.

Lorsque le sang part du cœur, ce sont les *artères* qui le font circuler dans tous les tissus auxquels il abandonne ses parties vivifiantes ; lorsqu'il en est dépouillé, les *veines* le ramènent au cœur et dans les poumons, où il puise de nouveaux principes pour recommencer le même trajet.

La NUTRITION est le complément des autres fonctions d'entretien ; elle consiste dans le travail par lequel le sang s'identifie avec tous les tissus, soit pour les former dans le principe, soit ensuite pour les entretenir.

§ II. *Fonctions de relation.*

Les fonctions de relation comprennent la SENSIBILITÉ et la LOCOMOTION.

La SENSIBILITÉ est la propriété que toutes les parties vivantes ont de recevoir les impressions qui déterminent à l'exercice des actions.

Elle s'exerce au moyen des sensations. Le cerveau en reçoit l'impression par l'intermédiaire des nerfs formant les sens de la *vue*, de l'*ouïe*, de l'*odorat*, du *goût* et du *toucher*. Ce dernier sens est mieux nommé le *tact* dans le cheval.

La LOCOMOTION ou la MARCHE est la fonction par laquelle le cheval se meut, d'où résultent les *allures*.

La marche s'exécute par le déplacement du centre de gravité combiné avec l'action des extrémités.

Sur un plan *horizontal*, les membres postérieurs poussent la masse que soutiennent les membres antérieurs, tandis que l'encolure l'attire en avant par ses balancemens alternatifs de droite à gauche.

Sur un plan *descendant*, les membres antérieurs viennent étayer la masse que son propre poids entraîne, et que les membres postérieurs cherchent à soutenir en s'avançant sous le centre.

Sur un plan *ascendant*, ce sont les membres postérieurs qui poussent énergiquement en avant la masse du corps, que son poids fait tendre en arrière; les membres antérieurs la soutiennent, et l'encolure, se rapprochant de terre et augmentant l'effet de son balancement, l'attire en avant.

§ III. *Fonctions de génération.*

Les fonctions de génération comprennent la *conception*, la *gestation*, le *part*, l'*allaitement*.

Les organes de ces fonctions sont, dans le mâle, le *membre*, les *testicules* et leurs *dépendances*.

Dans la femelle, le *vagin*, la *matrice*, les *ovaires*, leurs dépendances, et les *mamelles*.

§ IV. *Des autopsies.*

C'est par l'ouverture méthodique des cadavres, ce qu'on nomme *autopsie*, qu'on peut apprendre à connaître la différence des tissus, la place des organes intérieurs, et les principales altérations qu'ils peuvent subir.

ART. 5.

DES AGES, DES TEMPÉRAMENS ET DES SEXES.

Le cheval jouit de la vie par l'accomplissement des fonctions; mais l'*âge*, le *tempérament* et le *sexe* exercent sur celles-ci une influence notable, qu'il est extrêmement utile de savoir apprécier.

§ 1er. *De l'âge.*

Le poulain a les formes empâtées, les extrémités longues, la tête, le ventre et les articulations très-volumineux; ses fibres sont d'une extrême mollesse; il éprouve sans cesse le besoin du sommeil ou celui du mouvement.

La dentition s'opère, travail extrêmement pénible, qui ne s'achève qu'en suspendant le développement des autres parties. La gourme vient débarrasser l'animal des fluides dont sa tête est engorgée ; alors il a acquis à peu près sa taille.

C'est à cette époque, qui termine le jeune âge et qui précède celui de la force, que le travail et le régime du cheval doivent être dirigés de la manière la plus favorable à son entier développement.

Dans l'âge adulte, l'animal ayant acquis le complément de son organisation, est en état de mieux résister aux fatigues. Mais bientôt se manifeste un décroissement dans les organes, qui pourtant ne devient sensible qu'avec l'âge. Alors les fonctions diminuent d'énergie et tous les tissus tendent à la sécheresse ; tels sont les principaux caractères de la vieillesse.

§ II. *Des tempéramens.*

Le *tempérament* est la manière d'être, propre et particulière à chaque individu dans son état de santé, et qui le rend susceptible de recevoir différemment qu'un autre l'influence des agens hygiéniques.

Les principaux tempéramens sont : le *sanguin*, le *musculaire*, le *lymphatique* et le *nerveux*.

Le *tempérament sanguin* s'annonce par le développement des vaisseaux : les membranes du nez et des yeux sont rouges, l'embonpoint est médiocre, les formes sèches.

la transpiration très-active et les sécrétions abondantes. La franchise et l'énergie sont ordinairement le partage de cette organisation, qui appartient à beaucoup de chevaux de race.

Dans le *tempérament musculaire*, l'encolure est massive, le poitrail large, les cuisses et la croupe étoffées, le rein court, les tendons volumineux ; toute la machine es taillée en force. Ce tempérament se rencontre surtout dans les chevaux de trait.

Le *tempérament lymphatique*, particulier aux chevaux des pays bas et marécageux, offre souvent l'apparence de la constitution musculaire par le volume des formes extérieures et la hauteur de la taille ; mais il en diffère par la mollesse des tissus et la faiblesse de leurs contractions. La peau est épaisse, les membranes des ouvertures naturelles sont pâles, le poil long, les jambes souvent engorgées, la corne grasse et molle.

Le *tempérament nerveux*, que caractérise l'excès de la sensibilité, se rencontre rarement seul ; il s'allie le plus souvent aux autres. De son union avec le sanguin et le musculaire, il résulte un état modéré fort heureux qui tient le milieu entre les excès de ces deux constitutions. Mais son mélange avec le lymphatique ne fait qu'ajouter une grande irritabilité à la faiblesse des fibres et au manque de ressort de l'animal affecté de cette constitution.

Quand les tempéramens *sanguins* et *musculaires* sont réunis, ils en constituent un *mixte* fort avantageux, presque toujours accompagné de force, de légèreté et d'énergie, sans excès d'ardeur.

§ III. *Des sexes.*

L'influence des organes de la génération se remarque dans les moindres actes de la vie.

Le cheval *entier* reçoit activement toutes les impressions, ce qui le rend turbulent et souvent incommode pour le service.

La jument a des habitudes plus tranquilles : cependant, lorsqu'elle est en chaleur, elle se livre à des caprices, et même à des excès qui la rendent quelquefois dangereuse. Pendant cette époque critique, un travail fatigant lui deviendrait nuisible.

C'est par la castration qu'on cherche à remédier à ces divers inconvéniens.

La soustraction des testicules, qui prive le mâle de la faculté de se reproduire, le rend froid et certainement inférieur à ce que la nature l'a fait; et, pour la jument, la stérilité est toujours le résultat de l'extraction des ovaires, opération qui n'est jamais sans danger.

TITRE II.

DE L'EXTÉRIEUR.

ARTICLE PREMIER.

DES ALLURES.

On entend par *allures*, les diverses manières dont le cheval opère la marche ou locomotion.

On reconnaît des *allures naturelles*, des *allures artificielles* et des *allures défectueuses*.

Les allures *artificielles* ne sont propres ordinairement qu'aux chevaux exercés dans les manéges. On en trouvera la description dans l'article 4, tit. 1er de la 2e partie, ainsi que la définition des termes les plus usités, tels que *bipède*, *diagonal*, etc.

L'action de chaque extrémité, dans les allures, se divise en quatre temps : le *lever*, le *soutien*, le *poser*, l'*appui* ou la *foulée*. Le bruit qui résulte du *poser*, constitue la *battue*.

§ 1er. *Allures naturelles.*

Les allures naturelles sont le *pas*, le *trot*, le *galop* et la *course*.

On reconnaît le *pas* au mouvement alternatif et en diagonal des extrémités, qui font entendre quatre battues également espacées.

Le *trot* fait entendre deux battues égales, dont chacune est exécutée simultanément par un bipède diagonal.

Le *galop* consiste dans une élévation alternative et successive de l'avant et de l'arrière-main l'une sur l'autre, accompagnée de l'élancement de la masse en avant. Il y a le *galop à quatre temps* et le *galop à trois temps;* ce dernier est le plus ordinaire.

Le galop est *juste*, *faux* ou *désuni*, ainsi que cela est expliqué dans l'Ordonnance de cavalerie, 4e leçon.

La *course* est la plus rapide des allures; elle a lieu par le mouvement simultané de chacun des bipèdes antérieur et postérieur.

§ II. *Allures défectueuses.*

Les allures défectueuses sont l'*amble*, l'*entrepas* ou *pas relevé*, le *traquenard* ou *amble rompu* et l'*aubin*.

L'*amble* est une allure défectueuse quelquefois naturelle, dans laquelle les extrémités de chaque bipède latéral se meuvent ensemble.

L'*entrepas* ou *pas relevé*, le *traquenard* on *amble rompu*, sont des expressions à peu près synonymes, qui indiquent une allure dont les battues sont rompues et tiennent plus ou moins du pas, du trot, ou de l'amble.

L'*aubin* est un galop défectueux ; le cheval galope du devant et trotte du derrière.

Art. 2.

DES APLOMBS ET PROPORTIONS.

§ Ier. *Des aplombs (Pl. II)*.

On entend par *aplomb* une disposition des extrémités dans le repos, qui soit à la fois la plus favorable au support et au transport de la masse.

On reconnaît qu'un cheval est d'aplomb du devant lorsque les extrémités ne dépassent, ni en avant ni en arrière, deux lignes verticales, dont l'une descend de la pointe de l'épaule, et l'autre du haut du garrot.

Les aplombs du derrière existent lorsque les extrémités sont renfermées par les verticales de la pointe des fesses et de la hanche. (*Voir le tableau joint aux planches II et III*).

§ II. *Des proportions (Pl. IV)*.

Le mot de *proportion* indique le rapport harmonieux des parties entre elles. Les *pro-*

portions constituent la beauté, mais elles ne sont qu'un simple indice de bonté.

La tête du cheval a été prise pour unité de mesure. Les principales parties du cheval se rapportent aux trois mesures suivantes : (Pl. IV.)

Longueur de la tête, A.

Longueur jusqu'à la commissure des lèvres, B.

Deux tiers K.

Si la tête elle-même péchait par ses proportions, on se servirait alors d'une des parties correspondantes à la mesure A.

La *tête* est bien faite, lorsqu'elle est sèche et proportionnée au reste du corps. Trop décharnée ou trop grasse, elle a l'inconvénient de prédisposer aux engorgemens.

Les *oreilles* doivent être bien plantées, et en rapport de volume avec la tête : trop longues, le cheval est *oreillard ;* tombantes, elles sont dites *oreilles de cochon ;* trop rapprochées par leurs pointes, *oreilles de lièvre ;* dirigées franchement en avant, on les dit *hardies.*

Les mouvemens des oreilles dénotent assez généralement les sensations du cheval. S'il les tient couchées en arrière, il médite une attaque ou une défense ; s'il les porte rapidement en avant et en arrière, il annonce la crainte ; s'il les fixe continuellement en avant, cela peut indiquer l'altération de la vue. Les oreilles du cheval sourd sont sans expression.

La *gorge* doit être ferme sans être empâtée.

Le *front* doit être aplati dans son milieu : s'il est concave, on le dit *camus ;* convexe, *busqué ;* si l'excès de ce dernier défaut s'étend au chanfrein, la tête est *moutonnée.*

Les *tempes* ne doivent point offrir d'écorchures : s'il en existe, ainsi qu'aux autres parties saillantes du corps, ces meurtrissures peuvent indiquer la méchanceté de l'animal, ou des causes maladives.

Les *yeux* (Voir l'art. 4 du présent titre).

La *ganache* trop volumineuse peut nuire à l'attache et aux mouvemens de la tête.

L'*auge* doit être plutôt évidée qu'empâtée.

La *bouche* (Voir l'art. 5 du présent titre).

On désire l'*encolure* unie insensiblement aux parties dont elle se détache, fournie à sa base et diminuant graduellement : la *crinière* la borde supérieurement.

Les différentes formes que peut offrir l'encolure sont dites, *encolure rouée* ou *col de cygne ; encolure de cerf* ou *renversée ; encolure tombante* ou *penchante.*

L'encolure *fausse* est celle qui est trop grosse près de la tête.

Le *poitrail* doit être plutôt large qu'étroit : dans ce dernier cas, on dit le cheval *serré du devant.*

Le *garrot* doit être aussi saillant que possible et médiocrement chargé de chair.

Les *épaules,* qui se confondent avec le

bras à l'extérieur, doivent être musculeuses, mais non chargées de chair : le défaut opposé constitue *l'épaule plate*.

Leurs mouvemens doivent surtout être libres et étendus; lorsque leur conformation s'y oppose, on les dit *chevillés;* si cela vient seulement du manque d'exercice, elles sont *froides* ou *engourdies*.

L'avant-bras doit être très-musculeux, et le *coude* ni trop éloigné ni trop écarté du corps.

Le *genou* doit être plutôt plus volumineux que pas assez : ses aplombs sont essentiels (Voir pl. II et III).

Le *tendon* sera bien détaché du canon.

Le *boulet* ne sera pas trop petit.

Le *pâturon* et la *couronne* ne doivent pas surtout être trop longs.

Le *pied* (Voir l'art. 5 du présent titre).

La ligne du dos doit se rapprocher le plus possible de l'horizontale. Si elle est concave, le cheval est dit *ensellé;* si elle est saillante, cela constitue le *dos de carpe* ou *de mulet*.

Le *rein* doit être court, et suivre la direction du dos. Ses défectuosités de direction sont les mêmes.

Les *côtes* doivent être bien contournées ; autrement on les dit *plates*.

Le *ventre* doit être à peu près au niveau des parties environnantes; trop volumineux, on le dit *ventre de vache;* trop rétréci, *ventre levreté*.

Les *flancs creux* offrent une concavité très-marquée : le *flanc cordé* est un indice très-fâcheux.

On désire que la *croupe* soit arrondie, sans que ce soit une condition essentielle.

On dit la *croupe tranchante* ou de *mulet*, lorsque son milieu est saillant : elle est *double*, si ce sont les muscles qui dominent le milieu : elle est *coupée* ou *avalée*, quand elle est très-oblique de son sommet à la queue.

On appelle *cul-de-poule*, un amas de graisse qui se remarque quelquefois près de l'attache de la queue.

Les *hanches* trop saillantes constituent le cheval *cornu*.

Quand la *queue* est entière, on dit le cheval *à tous crins* : *la queue de rat* est celle dont les crins très-courts et comme usés laissent apercevoir la peau. La *queue en balai* est celle dont le tronçon raccourci conserve des crins ni trop longs ni trop courts.

On dit le cheval à courte queue *anglaisé*, quand les crins et le tronçon ont été coupés. On dit le cheval *niqueté*, quand on a coupé les muscles abaisseurs.

Lorsque les organes génitaux sont intacts, on dit le cheval *entier*; lorsqu'il a subi la castration, il est dit *coupé*, *hongre* ou *bistourné*, suivant l'opération pratiquée.

Les *cuisses* et les *fesses* doivent être bien musclées, ce qui s'exprime trivialement en disant que le cheval est *bien gigoté*. La *cuisse plate* est un indice de faiblesse.

La *jambe* doit avoir ses muscles bien fournis ; le tendon, appelé *corde du jarret*, doit en être saillant.

Le *jarret* sera sec et bien évidé ; large vu de profil ; plat vu postérieurement.

Le jarret peut être *trop long* ou *trop court, droit* ou *trop large* (V. planche II *bis*).

Le reste des membres postérieurs doit se rapprocher des conditions indiquées pour les membres de devant.

Art. 3.

DE LA BOUCHE.

La bouche comprend les *lèvres*, les *barres*, la *langue*, le *palais*, les *dents*. Ces différentes parties doivent être examinées sous le rapport de l'embouchure et sous celui de l'âge.

§ Ier. *Sous le rapport de l'embouchure.*

Il faut que les *lèvres* ne soient ni trop épaisses ni trop minces, ni trop ni pas assez fendues, afin qu'elles facilitent l'effet du mors.

Les *barres* ne doivent être ni trop rondes, ni trop tranchantes, ni charnues, ni trop basses ou inégales : elles doivent être douées d'une sensibilité moyenne pour l'action de l'embouchure du mors.

Il faut que la *langue* ait un volume proportionné au canal qui la loge : elle ne doit être ni *pendante*, ni ce qu'on appelle *serpentine*. Quand partie de la langue a été coupée, cela nuit à la mastication et à l'embouchure.

Le *palais* est plus épais chez les jeunes chevaux que chez les vieux. Un léger frottement de l'embouchure sur cette partie, inquiète plus le cheval que ne le ferait la douleur d'un contact plus dur.

Les *crochets* sont les seules dents qui intéressent l'embouchure : ils doivent être beaucoup plus rapprochés des incisives que des molaires.

La *barbe* et le *menton* servent à l'appui de la gourmette : leur sensibilité varie comme celle des barres, surtout en raison de leur configuration plus ou moins saillante.

§ II. *Sous le rapport de l'âge* (Pl. V).

Les *dents* offrent les meilleurs moyens de connaître l'âge du cheval, par les changemens notables et réguliers qui les affectent.

Elles sont formées de deux substances, l'une, dite *émail*, plus dure et plus blanche que l'autre, nommée *ivoire*, qui est renfermée dans les couches de la première. On remarque de plus, à la superficie des dents, une espèce de crasse noirâtre, qu'on nomme *cément* ou *substance corticale*.

Les *dents*, enchâssées dans leurs *alvéoles* et consolidées par les *gencives*, se nourrissent et s'entretiennent au moyen de leur *pulpe*.

On divise l'étendue d'une dent en *partie libre* ou extérieure, qui offre la *table* et les *côtés*, ou *muraille interne* et *externe*, en *partie enchâssée*, qui se termine par la *racine;* et en *collet*, qui est le point d'intersection où se fixe la gencive.

On compte 56 dents dans les jumens, et 40 dans les chevaux.

On divise les dents en *incisives, molaires* et *crochets*.

On compte à chaque mâchoire (Fig. I) :

Six *incisives*, savoir ; deux *pinces* (a), deux *mitoyennes* (bb) et deux *coins* (cc);

Douze *molaires*, dont trois *avant-molaires* (A) et trois *arrière-molaires* (B) de chaque côté de la mâchoire;

Deux *crochets* (D).

On divise les dents, d'après leur durée, en *dents de lait* ou *caduques, dents de cheval* ou *de remplacement*, et *dents permanentes*.

On appelle *dents de lait* ou *caduques* celles qui viennent les premières, tombent ensuite et sont remplacées par d'autres, qui sont les *dents de cheval* ou *de remplacement*.

2*

Les *dents permanentes* sont celles qui ne viennent qu'une fois; tels sont les crochets et les arrière-molaires.

Les dents de lait sont plus petites et plus blanches que celles de cheval.

Les *incisives* sont courbes, aplaties d'avant en arrière à leur partie libre, à peu près triangulaires dans le milieu de leur étendue, et allant en diminuant d'épaisseur jusqu'à la racine. Celles de la mâchoire immobile sont plus volumineuses que celles de l'autre mâchoire.

Les *crochets* sont pointus et triangulaires. Les jumens sont ordinairement privées de ces dents; on nomme *bréhaignes* celles qui les ont.

Connaissance de l'âge (*V*. Pl. V).

Ordinairement le poulain n'apporte, en naissant, que ses *avant-molaires*. Dans les six premiers mois sortent successivement toutes les *incisives* de lait.

A deux ans et demi, les *pinces* tombent, et, à trois ans, elles sont remplacées par celles *de cheval*.

A quatre ans, même remplacement a eu lieu pour les *mitoyennes*, et à cinq ans pour les *coins*. Les *crochets* et les *arrière-molaires* apparaissent assez généralement alors, et l'on dit que le cheval *a tout mis*.

Le *rasement* de chaque dent s'effectue ordinairement en trois ans. On entend par ce mot l'effacement de la cavité et l'égalité de hauteur et d'épaisseur des deux murailles. Si cette cavité persiste après l'âge du rasement, le cheval est dit *bégut*, et *faux bégut* si, au lieu d'une cavité, la dent n'offre qu'une trace noirâtre, qu'on nomme *germe de fève*.

Les dents de la mâchoire mobile sont les premières rasées dans l'ordre suivant :

A six ans, les pinces;

A sept ans, les mitoyennes;

A huit ans, les coins.

Pour la mâchoire immobile, les dents sont rasées dans un espace de temps double, savoir :

A neuf ans, les pinces;

A dix ans, les mitoyennes;

A douze ans, les coins.

Mais comme le rasement de la mâchoire immobile est loin d'être régulier, on observe les changemens de forme qu'éprouvent les dents, ainsi que l'émail central de la mâchoire mobile.

L'émail devient triangulaire, à sept ans dans les pinces, à huit dans les mitoyennes, à neuf dans les coins.

Ensuite il s'arrondit et s'approche de la muraille interne, à neuf ans dans les pinces, à dix dans les mitoyennes, à onze dans les coins.

A douze ans, il disparaît de toutes les incisives à la fois.

Pour avoir encore des renseignemens sur l'âge, on peut aussi consulter la *longueur des dents*, *leur direction*, *leur couleur*, et *la forme extérieure des os* qui les renferment.

A mesure que les dents s'usent, elles sortent en conservant la forme qui leur est propre : ainsi elles apparaissent d'abord plates d'avant en arrière, puis successivement de plus en plus arrondies, triangulaires, et enfin, mais très-tard, aplaties d'un côté à l'autre.

De huit à douze ans, et jusqu'à dix-huit, les dents s'alongent et leur table se dirige vers l'ouverture de la bouche; les coins de la mâchoire immobile s'échancrent et forment ce qu'on appelle *la queue d'hirondelle;* enfin les os maxillaires répondant à la racine des dents s'aplatissent, ce qui rend les bords de l'auge tranchans et les côtés du chanfrein de plus en plus concaves.

A partir de huit ans, la pointe et l'arête antérieure des crochets vont en s'émoussant de plus en plus.

§ III. *Ruses pour faire paraître les chevaux plus vieux ou plus jeunes.*

Pour *avancer l'âge* d'un poulain, les maquignons lui arrachent les mitoyennes de lait à trois ans, ce qui lui donne l'apparence d'en avoir trois et demi; ou les coins à qua-

tre ans, ce qui le fait paraître en avoir cinq.
Si l'extraction de la dent est récemment faite,
on ne voit point celle de remplacement, qui
doit toujours se montrer après la chute naturelle des dents de lait.

Les dents dont la sortie a été hâtée, sont
petites et mal conformées. La dernière mo-
laire, dont la sortie a lieu rarement avant
cinq ans, aide à reconnaître toute superche-
rie.

Pour *rajeunir un cheval*, les maquignons pratiquent aux incisives des cavités
artificielles, ce qui, avant douze ans, détruit
l'émail central. Quand les dents sont trop
longues, ils les scient; mais elles ne portent
plus les unes sur les autres, et leur forme
ronde ou triangulaire indique toujours la
vieillesse.

Les chevaux qui ont eu la bouche travail-
lée, se la laissent difficilement toucher.

Art. 4.

DE L'OEIL ET DE LA VISION.

Les parties qui appartiennent à l'organe
de la vue se divisent en *parties environnantes* et *parties constituantes*.

Les parties environnantes sont les *os*, les
graisses, les *paupières*, les *voies lacrymales*, les *muscles* et la *conjonctive*.

Les os forment les orbites, dans lesquels les *graisses* servent de coussin au globe de l'œil.

Les *paupières* sont au nombre de deux, dont la réunion forme l'*angle nazal* et le *temporal*. Une troisième paupière intérieure, nommée *corps clignotant*, est placée à l'angle nazal. Les *paupières* abritent et nettoient l'œil.

Les *voies lacrymales* secrètent et excrètent les larmes, dont l'usage est d'entretenir l'œil humide et souple, et de faciliter le jeu des paupières.

Les *muscles*, au nombre de sept, font agir l'œil dans son orbite.

La *conjonctive* s'étend devant le globe de l'œil qu'elle unit aux paupières.

Les parties constituantes se divisent en *membranes*, et en *humeurs* que les membranes contiennent.

Les diverses membranes qui s'aperçoivent à l'extérieur sont :

La *vitre de l'œil* ou *cornée lucide*, qui laisse passer la lumière.

La *cornée opaque* ou *sclérotique*, qui forme la bulbe de l'œil proprement dit, et sur laquelle la cornée lucide est placée comme un verre de montre sur le corps de la montre.

Sous la cornée lucide paraît l'*iris* qui donne à l'œil sa couleur, et au milieu de l'iris, un trou ovale nommé *pupille* ou *prunelle*.

Entre la cornée lucide et l'iris se trouve un espace, dit *chambre antérieure*, rempli par l'*humeur aqueuse*.

Derrière l'iris est la chambre postérieure, dans laquelle se trouve le *cristallin* : invisible à l'état ordinaire et sain, la maladie peut le rendre opaque.

La beauté des yeux importe peu ; leur bonté seule est essentielle. On la reconnaît à la transparence parfaite des humeurs et à l'intégrité des membranes. On s'en assure encore par l'examen de l'iris, qui se contracte au grand jour et se dilate dans l'obscurité.

On dit le cheval *hagard*, quand il a les yeux trop saillans. Des yeux petits et enfoncés, sont dits *de cochon*. La couleur blanchâtre de l'iris constitue l'*œil véron*.

Le cheval est *myope*, quand il ne peut voir de loin, et *presbyte*, quand il ne peut voir de près ; défauts opposés qui ont le même résultat, de rendre le cheval ombrageux.

ART. 5.

EXAMEN DU PIED (*Pl.* VI).

Les parties qui forment le *pied* sont divisées en *parties contenues* ou *internes*, et en *parties contenantes* ou *externes*.

Les parties contenues sont les *os*, les *ligamens*, les *tendons*, et la *chair du pied*.

(*Fig.* 1, 2, 5.) Les os sont, 1° l'*os du pied* (a) arrondi dans le devant et ovale dans le derrière ; 2° le *naviculaire* (b), situé à la face postérieure du précédent.

(*Fig.* 4.) Les *cartilages* (c) revêtent le bord supérieur et postérieur de l'os du pied.

Les *ligamens* consolident les articulations.

Les *tendons* au nombre de deux : le *perforant* (d), situé postérieurement, est fléchisseur ; l'*extenseur* (e) est placé en avant.

La *fourchette de chair* ou *corps pyramidal* recouvre, à la manière d'un soussin, les parties postérieures et inférieures du pied.

La *chair du pied* recouvre l'os du pied dans toute son étendue.

Les parties contenantes sont le *sabot* ou l'*ongle*, formé par la corne.

Le sabot (*fig.* 4) se divise en *paroi, sole* et *fourchette.*

La *paroi* (f) se subdivise en *biseau, pince, mamelles, quartiers* et *talons.*

La *sole* (g) a deux *bords* et un *glacis.*

(*Fig.* 5). La *fourchette*, dont les bifurcations consolident les *arcs-boutans*, offre une échancrure nommée *vide de la fourchette* (h).

Il faut que la *paroi* soit unie et luisante ;

que la *sole* soit un peu concave ; que la *fourchette* lui soit unie intimement. Outre cela, la corne ne doit être ni trop molle, ni trop dure. Si elle est sèche ou molle, elle s'éclate ou rend l'attache des fers difficile. L'excès de mollesse de la fourchette ou de la sole constitue ce que les maréchaux nomment *sole* ou *fourchette baveuse*.

Les pieds défectueux sont :

Les *pieds trop grands* qui surchargent le membre : s'ils ne sont qu'*évasés*, la ferrure peut y remédier ;

Les *pieds trop petits* qui amènent la claudication ;

Les *pieds encastelés* (*fig.* 6) ; les quartiers et les talons sont trop resserrés ;

Les *pieds pinçards* ou *rampins* (*fig.* 7) ; la paroi affecte une direction verticale à la pince ;

Les *pieds plats* (*fig.* 8) et *combles* (*fig.* 9 et 10), qui offrent la disposition contraire, ce qui fait porter à terre la sole et la fourchette ;

Les *quartiers faibles* ; ce défaut peut rendre les jeunes chevaux *panards* (*fig.* 11) ou *cagneux* (*fig.* 12), suivant le quartier qui faiblit ;

Les *pieds gras* ou *mous*, exposés à se dégrader et à se déferrer facilement.

ART. 6.

DES ROBES ET DES PARTICULARITÉS.

On désigne par le mot de *robe* la couleur des poils et des crins du cheval. Toutes les marques particulières, que peuvent, en outre, présenter les robes, sont rassemblées sous le nom de *particularités*.

§ Ier. *Des robes.*

Les *robes* sont partagées en cinq divisions principales, dont les subdivisions sont établies sur les teintes ou nuances particulières de chaque robe, et leurs variations indiquées en allant du clair au foncé.

La 1re DIVISION comprend les robes d'une seule couleur, jambes et crins compris, qui sont le *noir*, le *blanc* et l'*alezan*.

1° Le *noir* est dit, suivant sa teinte, *mal teint* et *franc*.

2° Le *blanc* offre le *blanc mat* ou *de lait*, le *blanc sale* et le *blanc porcelaine*.

5° L'*alezan* présente les gradations suivantes : l'*alezan clair*, qui comprend aussi le *soupe de lait* ou *café au lait* ; l'*alezan cerise* ; l'*alezan obscur* et le *foncé* ; l'*alezan brûlé*.

La IIe DIVISION comprend les robes d'une

même couleur, dont toujours les extrémités, et les crins assez ordinairement, sont noirs : ce sont le *bai*, l'*isabelle* et le *souris*.

1° Le *bai* a pour nuances : le *bai clair*, le *bai cerise* ou *sanguin*, le *bai châtain*, le *brun*, et enfin le *bai maron*.

2° L'*isabelle* a pour caractères ordinaires un fond alezan clair, très-souvent jaunâtre, avec les jambes zébrées ou marbrées, et la *raie de mulet* dont on n'indique que l'absence : il varie du *clair* au *foncé*.

3° Le *souris*, dont le nom indique la couleur, varie aussi du *clair* au *foncé*, et il a, comme l'isabelle, la *raie de mulet*, dont on n'indique que l'absence.

La IIIᵉ DIVISION se compose des robes qui offrent la réunion de deux couleurs, savoir : le *gris*, l'*aubère* et le *louvet*.

1° *Le gris*, qui se compose de poils blancs et noirs, peut être, suivant leurs proportions, *clair*, *ardoisé*, *foncé*, *sale*, *tourdille*, *étourneau*.

2° L'*aubère*, dû au mélange du blanc et de l'alezan, varie du *clair* au *foncé*, suivant la prédominance de ce dernier poil.

3° Le *louvet*, composé du mélange du noir et de l'alezan, varie aussi du *clair* au *foncé*. Si les extrémités ne sont pas pareilles au fond de la robe, on doit l'indiquer.

La IVᵉ DIVISION ne comprend que le *rouan*, robe qui provient du mélange du blanc, de l'alezan et du noir.

Suivant que l'une de ces trois couleurs domine, le rouan est *clair*, *vineux* ou *foncé*. Les extrémités doivent être semblables au reste de la robe ; dans le cas contraire on en fait mention.

La ve DIVISION comprend les robes qui présentent la réunion de portions diverses des autres robes ; on les nomme *pies*.

Il y a des pies *bais*, *alezans*, *gris*, etc., lorsque, sur un fond blanc, se trouvent des taches plus ou moins grandes de ces diverses robes. Si, dans le mélange de portions noires et blanches, le cheval a les extrémités noires, on le dit *pie* ; avec les extrémités blanches, il est dit *pie blanc*.

§ II. *Des particularités.*

Les *particularités*, qui ne varient pas comme les robes, sont très-importantes à signaler.

On les a rangées en trois DIVISIONS, subdivisées en plusieurs *classes*.

La 1re DIVISION comprend toutes les particularités qui peuvent se rencontrer sur toutes les parties du corps ; elle a quatre *classes*.

La 1re classe est celle des *reflets brillantés*, comme *argenté* pour le blanc ; *doré*, *cuivré*, *bronzé* pour les robes qui ont ces nuances et qui s'y rapportent ; *jayet* pour le noir. Le *miroité* est produit par des taches rondes plus claires que le fond de la robe. On les remarque sur le bai alezan.

Dans la 2ᵉ classe on a rangé les *mélanges inégaux de poils divers*, et quelqes autres marques particulières, savoir : *pommelé, moucheté* (blanc, noir, alezan dit *truité*), *mille-fleurs, fleur de pêcher, tigré, zébré, marbré, tisonné, marqué de feu, lavé, bordé, rubican, zain* opposé de rubican, pour indiquer l'absence de tout mélange de poils blancs.

La 3ᵉ classe est relative à la *direction des poils*, qui forment des *épis* concentriques ou excentriques, simples, doubles, etc., et parmi lesquels on distingue *l'épée romaine*.

La 4ᵉ classe a rapport à la *couleur de la peau*, quand le cheval a du *ladre*.

La IIᵉ DIVISION des particularités est composée de celles qui se trouvent sur des parties isolées : elle renferme quatre *classes*.

La 1ʳᵉ classe comprend les particularités de la tête, savoir : *cap-de-maure, nez-de-renard, pelotes* ou *étoiles, lisses* ou *listes, belle-face*, (lesquelles sont *prolongées en pointe, dentelées, interrompues*), *buvant dans son blanc, de la lèvre* ou *antérieure* ou *postérieure*, ou *des deux lèvres; œil* ou *yeux vérons; moustaches.*

La 2ᵉ classe comprend les particularités

du tronc, savoir : *raie de mulet, ventre de biche.*

La 3e classe est pour les particularités des *crins*, qui peuvent être : 1° semblables entre eux ; 2° non pareils à la robe ; 3° mélangés (avec désignation précise) à la queue ou à la crinière.

Les particularités des *membres* forment la 4e classe.

1° Les balzanes, qui peuvent exister à une, à deux, à trois et aux quatre extrémités, ce qui s'exprime ainsi : *balzane* à une ou à deux extrémités, *antérieure* ou *postérieure, latérale* ou *diagonale*, et enfin trois *balzanes*, dont *une antérieure* ou *postérieure.* Elles sont dites, en raison de leur forme, de leur étendue et de leur disposition, *trace, principe, incomplètes, petites balzanes, balzanes, balzanes chaussées, haut chaussées, très-haut chaussées ;* et chacune d'elles peut être *bordée, mouchetée, truitée, herminée, pointue, dentelée,* etc.

2° Les marques noirâtres, jaunâtres ou mélangées, qui se rencontrent parfois aux jambes.

3° La couleur et la disposition de la *corne*, qui peut être *blanche, noire, rousse,* en *bandes* ou *raies régulières* ou non.

La IIIe DIVISION comprend les particularités diverses qui n'ont rapport ni à la couleur des poils, ni à celle de la peau, et qu'on indique à défaut d'autres renseignemens ; elle a deux *classes.*

1re classe : *marques naturelles,* comme *coup de lance,* absence des *châtaignes, loupes, etc.*

2e classe : *marques accidentelles,* comme *oreilles fendues, recousues, queue à tous crins* (entière), *anglaisée, niquetée, de rat, en balai; marqué au feu,* quand c'est la suite de l'empreinte d'une marque en fer ; *taré par le feu,* quand c'est par suite de cautérisation. Enfin les *traces* de blessures, cicatrices, ou opérations chirurgicales quelconques.

II° PARTIE.

Emploi du Cheval.

TITRE PREMIER.

EMPLOI A LA SELLE.

ARTICLE PREMIER.

EXAMEN DU CHEVAL DE SELLE.

L'équitation militaire examine le cheval sous le rapport des qualités qui concernent chacun des services auxquels il peut être soumis. Ces services sont ceux de la *selle*, du *trait* et du *bât*.

Les qualités physiques constituent essentiellement les différences qui signalent les chevaux, d'après le genre des services qu'on leur demande. On conçoit que ce qu'on peut appeler *qualités morales*, dans le cheval, apporte de grandes modifications aux autres. En effet, si les chevaux bien conformés sont, en général, forts et vigoureux, il en est cependant qui sont mous et faibles, et des défectuosités partielles n'indiquent pas toujours l'absence de toute qualité. Cependant une conformation entièrement vicieuse ne peut jamais offrir de compensations satisfaisantes.

On doit chercher, dans un cheval de selle destiné au service militaire, du courage, de la docilité et de l'énergie.

Sa construction doit offrir sûreté dans sa marche, et vitesse moyenne dans les allures, qui doivent être franches, étendues et distinctes.

Il faut qu'il digère et se nourrisse bien, qu'il jouisse du libre exercice de tous ses sens, qu'il ait un bon pied, un garrot saillant, et des articulations saines et bien développées.

On doit lui désirer des aplombs aussi parfaits que possible ; mais la solidité de l'avant-main étant une qualité indispensable dans le cheval de selle, c'est principalement dans cette partie que les aplombs sont à rechercher.

La position de la tête la plus avantageuse est celle qui offre une légère obliquité en avant. Lorsque la tête dépasse cette ligne en avant, le cheval *porte au vent ;* si la tête est en arrière, le cheval *s'encapuchonne.*

Le cheval qui *porte au vent* est ordinairement difficile à maîtriser, et ne peut voir le terrain qu'il foule.

Le cheval qui *s'encapuchonne* est exposé à faire la *panache,* surtout s'il est faible du devant et s'il a l'encolure lourde : il peut aussi empêcher l'action du mors, en appuyant les branches sur son poitrail.

On divise le cheval, lorsqu'il s'agit de son emploi, en *avant-main, corps* et *arrière-main.*

On comprend :

1° Dans l'*avant-main*, la tête, l'encolure, le garrot, le poitrail et les extrémités antérieures ;

2° Dans le *corps*, le dos, le rein, les côtes, le ventre, les flancs, les parties de la génération dans le cheval, et les mamelles dans la jument ;

3° Dans l'*arrière-main*, la croupe, les hanches, les fesses, les extrémités postérieures, l'anus, la queue et les parties sexuelles dans la jument.

Les defectuosités que les proportions de l'avant-main peuvent présenter sont : tête *trop longue* ou *trop courte ;* encolure *longue, droite et horizontale ; longue et maigre ; courte et épaisse ; courte et grèle.*

Les défectuosités de proportions du corps sont : *excès* ou *défaut* de hauteur; corps *trop long* ou *trop court ; ensellé ;* poitrine *trop longue* ou *trop étroite.*

Les défectuosités de l'arrière-main sont : croupe *trop longue ,* extrémités postérieures *trop longues* ou *trop courtes.*

(Voir, pour les défectuosités des membres, les pl. II et III).

Art. 2.

DESCRIPTION DU HARNACHEMENT.

Les selles employées dans le manége offrent quelques différences avec les selles en service dans la cavalerie.

Les selles de manége sont :

La *selle à piquer*, utile surtout pour monter les sauteurs ;

La *selle rase* ou *à la française ;*

Enfin la *selle anglaise*, remarquable par sa légèreté et sa solidité, mais dont l'usage n'a été introduit, dans le manége, que par l'Ecole de cavalerie, dans l'intention de donner aux hommes de la solidité et de la confiance à cheval, mais toutefois sans déroger aux principes de l'équitation française.

Les selles de troupe sont la *selle demi-royale* pour la grosse cavalerie et les dragons, et la *selle hongroise*, essentiellement différente des autres, qui est affectée à la cavalerie légère.

La *selle anglaise*, avec accessoires militaires, a été attribuée aux officiers généraux et de l'état-major.

Nomenclature des diverses parties qui composent la selle et l'équipement d'un cheval de troupe.

(*Pl.* VII). On comprend sous le nom d'*arçon* toutes les pièces en bois qui composent la charpente de la selle ; elles sont en bois de hêtre, qui est le meilleur pour cet usage.

CUIRASSIERS ET DRAGONS.

(*Fig.* E). *L'arçon de la selle* de la grosse cavalerie et des dragons est composé de douze pièces en bois.

Les parties de devant sont les *deux pointes* (1) et les *deux liéges* (2).

Celles de derrière sont les *deux pointes* (5), les *deux pontets* et les deux pointes *du troussequin* (4).

Ces parties sont réunies par *deux bandes* (6), qui servent à donner la forme à la selle.

Les deux pointes de devant (1) se terminent en arcade, et forment la liberté du garrot, que l'on appelle ordinairement *collet* (5).

Les deux liéges (2), qui sont collés sur les deux pointes de devant, servent à contenir les cuisses de l'homme, et à les empêcher d'aller en avant.

Les deux pointes de derrière (5), réunies par un pontet, ont la forme d'un demi-cercle, et servent à empêcher que le cheval soit blessé sur le rognon. Dans ces deux pointes sont pratiquées deux *mortaises* (7) destinées au passage des courroies de charge.

Les deux pointes du troussequin (4), réunies par un autre pontet, sont collées sur les pointes de derrière, et forment le *troussequin*, qui sert à empêcher le cavalier d'aller trop en arrière, et à le garantir de la charge. Dans le pontet du troussequin est également pratiquée une mortaise servant au passage de la courroie de charge du milieu.

Les parties en fer sont la *bande de collet* (8), servant à affermir les liéges, la *bande de garrot* (9), la *bande de rognon* (10), la *contre-bande* (11), et la *chape de croupière* (12), servant à fixer la croupière.

Les bandes de fer (9) et (10), et la contre-bande (11) servent à renforcer les pointes de devant et de derrière.

Les *porte-étrivières* (15) servent à passer les étrivières.

Les *chapes* de contre-sanglon (14) servent à fixer les contre-sanglons.

Les *boucles enchapées* (15) servent à attacher le poitrail.

Les *plaques en fer* (16) servent à supporter les fontes.

Le *crampon* (18), dans lequel passe la courroie du milieu du manteau, contient un *anneau* servant à recevoir la courroie du porte-crosse.

Le *faux - siége* (17) est formé de sangles croisées et clouées sur l'arçon, et sert à soutenir le siége.

(*Fig.* F). Le *siége* (1) sert à asseoir le cavalier.

Les *quartiers* (2) servent à couvrir les boucles des sangles, et empêchent les ardillons d'écorcher les jarrets du cavalier : le *jonc du siége* (3) est un liseré de cuir qui sert à réunir les quartiers au siége, et à en couvrir la couture.

Les *galbes* (4) sont les deux petites bandes de cuir qui servent à réunir les quartiers, et à en couvrir la couture; au-dessus du galbe de devant est le *crampon de la courroie du milieu* (6), pour attacher le manteau.

Les *battes* (7) servent à empêcher le cavalier de se porter trop en avant.

Le *troussequin* (8) sert à contenir les fesses du cavalier.

Le *porte-fer* (9) sert à fixer un fer de cheval.

Les *courroies de charge* (10) servent à assujétir le porte-manteau.

Les *courroies de manteau* (11) servent à fixer les pointes du manteau et les musettes contre les fontes.

(*Fig.* G). Les *panneaux* (1) servent à empêcher le cheval d'être blessé par l'arçon; ils sont divisés en *longes* (2) formant aux extrémités la liberté du garrot et celle du rognon ; en *pointes de devant et de derrière* (3) ; en *mamelles* (4) ; en *ouvertures* (5), servant à rembourrer les panneaux ; en *portes* (6), lesquelles facilitent au cavalier les moyens d'être plus rapproché de son cheval.

Les *blanchets* (7) servent à renforcer les quartiers.

Les *courroies* d'arçon (8) servent à recevoir les attaches qui fixent le coussinet à la selle.

Les *trousse - étriers* (9) sont deux morceaux de cuir destinés à tenir les étriers relevés.

Les *contre-sanglons* (10) servent à recevoir les boucles des sangles ; ils sont au nombre de huit, dont six servent habituellement ; les deux autres sont seulement de précaution.

(*Fig.* H). La *fonte* (18) sert à recevoir le pistolet.

L'*étui de hache* (19) est destiné à porter une hache de campagne. La fonte et le porte-hache sont fixés à la selle par un *chapelet* (20) qui les réunit, et aux montans du poitrail par les *ronds de fonte*. (Voy. *fig.* J).

Les *courroies de chapelet* (26), qui se fixent par-dessus les battes, servent à assujétir le chapelet à la selle.

(*Fig.* I). Les *étrivières* (1) servent à supporter les étriers ; à leur *enchapure* (2) se trouvent deux *passans* (5), dont un sert à maintenir l'étrivière que l'on y passe plusieurs fois.

Les *étriers* se divisent en *œil*, *branches* et *grille*.

L'œil (4) sert à passer l'étrivière, les branches (5) à supporter la grille, et la grille (6) à porter le pied du cavalier.

(*Fig*. J). Le *poitrail* sert à empêcher la selle d'aller trop en arrière. Il a deux côtés ; la figure représente celui de droite (1), ayant une boucle (5) qui réunit la traverse (2) aux côtés, et un œillet (4) servant à engager la première sangle ; le montant (5) sert à hausser et baisser le poitrail. Au milieu du montant se trouvent les ronds de fonte (6), servant à fixer la fonte et le porte-hache.

(*Fig*. K). La *croupière* sert à empêcher la selle d'aller trop en avant ; elle se divise en *longe*, *fourchette* et *culeron* ; la longe (1), passant dans la chape de la croupière et se fixant à la boucle (2), sert à assujétir la croupière à la selle ; la fourchette (5) à attacher les deux extrémités du culeron ; et le culeron (4) à engager la queue du cheval.

(*Fig*. L). Le *coussinet* sert à empêcher le cheval d'être blessé par la charge. Il est formé par deux petits panneaux (*a a*) maintenus par des pièces de cuir qui les recouvrent. Ces panneaux offrent une ouverture (1) pour les rembourrer. La bordure (2) renforce le coussinet ; les attaches en cuir (5) fixent le coussinet aux courroies de l'arçon. (V. *fig*. 8).

(*Fig*. M). Les *sangles* servent à affermir

la selle sur le dos du cheval ; elles se divisent en *première sangle* (1) , *seconde sangle* (2), *surfaix* (3) et *travers* (4). Les travers servent à fixer le surfaix sur les sangles ; l'*arrêt de poitrail* (5) sert à empêcher l'œillet de poitrail de glisser.

(*Fig.* N). La *schabraque* sert à recouvrir la selle et le manteau ; elle se divise en deux parties : le *devant* (1) couvre les fontes et le manteau ; le *derrière* (2) forme la housse. Le *siége* (3) est en peau de mouton ; les *entre-jambes* (4) sont en cuir noir ; les *passans* (5) donnent passage aux courroies de charge et de paquetage ; la schabraque est bordée par un *galon* (6).

(*Fig.* O). Le *surfaix* sert à maintenir la schabraque sur la selle. Il est en cuir noir, ayant une boucle (1) à une de ses extrémités, et un *contre-sanglon* (2) à l'autre ; les *passans* (3) servent à maintenir l'extrémité du contre-sanglon.

CAVALERIE LÉGÈRE.

(*Fig.* P et P *bis*). L'*arçon de la selle* de cavalerie légère, dite *à la hussarde* , comprend quatre pièces en bois.

Ces pièces sont l'*arcade de devant* (1), surmontée du pommeau (1°), les *bandes* (2), l'*arcade de derrière* (3), surmontée de la palette (3°), et les huit *chevilles* (4).

L'arcade de devant (1) forme le devant de l'arçon, et se nomme *liberté du garrot*.

Le pommeau (1°) formant la partie supérieure de l'arcade de devant (1), sert à empêcher le cavalier d'aller trop en avant ; il sert aussi à réunir les fontes, à arrêter le poitrail et à fixer le milieu du manteau.

Les bandes (2) servent à réunir les arcades, et à donner la forme à la selle.

L'arcade de derrière (5) forme le derrière de l'arçon et se nomme *liberté du rognon*.

La palette (5°) formant la partie supérieure de l'arcade de derrière (5), sert à fixer le milieu de la charge, à en garantir le cavalier et à l'empêcher d'aller trop en arrière.

Les chevilles (4) servent à réunir les arcades aux bandes avant que l'arçon soit ferré.

Les pièces en fer qui garnissent l'arçon sont les *croissans* (5), qui servent à soutenir les arcades, et *les rivets* (6) qui servent à maintenir les deux crampons (7) des courroies de charge.

Une *bordure en cuivre* (8) sert à conserver le contour de la palette et de l'arcade de derrière. Près du point de réunion de l'arcade de devant avec chaque bande, se trouve une *mortaise* (9) destinée au passage de l'étrivière ; en arrière de chaque mortaise sont *deux petits trous* (10), pratiqués pour les lanières qui servent à fixer la sangle du côté droit, et le contre-sanglon du côté gauche : à la partie supérieure des bandes et aux arcades, se trouvent aussi six petits trous qui servent au passage des

lacets roulés, servant à fixer les parties latérales du siége.

(*Fig.* P). La *sangle* (11), le *contre-
sanglon* (12), les *lacets roulés* (13) et le
siége (14).

Au pommeau (1°) se trouve un crampon
en cuir, destiné à recevoir la *courroie* du
milieu (15) qui sert à attacher le manteau.

Il existe à la palette (5°) une mortaise
pour la troisième *courroie de charge* (16).

Le *siége* (14) sert à asseoir le cavalier.

Les *joncs du siége* (17) servent à fixer les
extrémités du siége aux arcades.

La *fonte* (18) et le *porte-hache* (19) servent à recevoir le pistolet et la hache de
campagne. La fonte et le porte-hache sont
assujétis au pommeau par un *chapelet* (20),
et aux montans du poitrail par des *ronds
de fonte* (21). (V. *fig.* H).

Les *courroies de charge* (22) et (16) servent à fixer la charge sous la palette.

Le *contre-sanglon* (12) sert à recevoir la
boucle de la sangle ; il doit être doublé d'un
cuir noir que l'on nomme *blanchet*.

La *sangle* (11) sert à affermir la selle sur
le dos du cheval.

Un *porte-fer* (23), placé sous l'enchapure
de la croupière, sert à contenir le fer
préparé.

La *boucle enchapée* (24) sert à fixer la
croupière.

Les *courroies de manteau* (25) servent à

fixer les pointes du manteau et les musettes contre la fonte et le porte-hache ; celles de *paquetage* à y fixer la schabraque.

(*Fig.* Q). La *croupière* sert à empêcher la selle d'aller trop en avant ; elle se divise en *fourche supérieure, inférieure* et *culeron*. La fourche supérieure (1), passant dans les boucles enchapées de la croupière, sert à la fixer à la selle ; la fourche inférieure (2) sert à attacher les deux extrémités du culeron, et le culeron (3) à engager la queue du cheval.

(*Fig.* R). Le *poitrail* sert à empêcher la selle d'aller trop en arrière ; il est divisé en *grand et petit montans* et en *fausse martingale*. Le grand montant (1) qui fixe le poitrail au pommeau de l'arçon, est engagé dans les ronds de fonte, et sert, à l'aide de la boucle qui se trouve à l'extrémité du petit montant (2), à hausser ou baisser le poitrail.

La *fausse martingale* (3) avec son œillet (4) sert au passage de la sangle et du surfaix, et empêche l'un et l'autre de glisser en arrière. La couture qui réunit la fausse martingale aux montans est recouverte par deux *cœurs en cuir* (5), sur l'un desquels est fixé un *cœur en cuivre* destiné à porter le n° du régiment.

(*Fig.* N *bis*). La *schabraque* sert à recouvrir la selle et le manteau ; elle ne diffère de celle de la grosse cavalerie que par les pointes de derrière qui sont plus longues.

Le surfaix. (V. grosse cavalerie, *fig.* O).

La selle à la hussarde repose sur une couverture en laine, ployée en douze ou en seize, selon la grandeur.

ART. 3.

DE L'EMBOUCHURE, DES AIDES ET DES CHATIMENS.

§ Ier. *De l'embouchure.* (Pl. VIII). (1).

(*Fig.* A). Le *mors* est composé de sept pièces principales en fer, savoir :

L'*embouchure* (1), les *branches* (2), les *anneaux* (3), la *gourmette* (4), la *traverse* (5), l'*esse* (6) et le *crochet* (7).

L'*embouchure* est fixée aux branches par les *fonceaux* (8); elle se divise en *canons* (9) et *liberté de langue* (10).

Les *canons* agissent sur les barres et assujétissent le cheval à l'obéissance par le secours de la gourmette.

La *liberté de langue* sert à loger la langue du cheval.

Les *branches* servent à faire agir l'embouchure et la gourmette. Chacune se divise

----

(1) Ce paragraphe, tiré de l'art. 7, titre Ier de l'ordonnance de cavalerie, a été abrégé et simplifié pour en faciliter l'étude et le mettre en rapport avec le cours d'équitation.

en *œil de porte-mors* (11), *œil de crochet ou d'esse* (12), *banquet* (13), *arc de banquet* (14), *broche du banquet* (15) et *œil de porte-anneau* (16).

L'œil de porte-mors sert à passer les porte-mors. Les *œils de crochet* et *d'esse* servent à porter le crochet et l'esse. Le *banquet* et la *broche du banquet* servent à réunir l'embouchure à la branche. *L'arc du banquet* sert à renforcer la branche, et l'*œil de porte-anneau* sert à contenir les *anneaux de porte-rênes*.

La *traverse* a pour objet de consolider le mors et d'empêcher les rênes d'un cheval voisin de s'engager dans les branches.

(*Fig.* B). La *gourmette* se compose de *mailles* (1) et *maillons* (2) ; les *mailles* agissent sur la barbe du cheval, et les *maillons* servent à fixer la gourmette à l'esse et au crochet ; ils sont au nombre de trois, dont deux du côté du crochet, et un du côté de l'esse.

L'esse sert à fixer la gourmette au mors, et *le crochet* à accrocher la gourmette.

Les *bossettes* (17) couvrent les fonceaux et servent d'ornement ; elles ont des *oreilles* au moyen desquelles on les fixe aux branches du mors par *des clous rivés*.

(*Fig.* C). Le *mors du filet* est composé de cinq pièces en fer :

Le *côté droit* (1) ;

Le *côté gauche* (2) ;

L'anneau de jonction (3) ;

Les *anneaux* (4) pour recevoir les montans et les rênes.

(*Fig.* D). Le *mors du bridon d'abreuvoir* se compose de quatre pièces en fer :

Le *côté droit* (1) ;

Le *côté gauche* (2) ;

Les *deux anneaux à ailes* (3) pour recevoir les rênes et les montans.

Pour bien emboucher un cheval, il faut connaître :

1° Les effets du mors ;

2° Les parties de la bouche qui les ressentent.

Les effets du mors dépendent de sa structure.

Il est appelé *doux* (*fig.* F) lorsque les branches (1) sont courtes, les canons gros, (2) la liberté de langue peu développée.

Dur (*fig.* G) lorsque les branches (1) sont longues, les canons (2) minces, la liberté de langue développée.

Ordinaire (*fig.* E) lorsque sa conformation tient le milieu entre celle des deux autres mors.

L'œil de perdrix doit être assez éloigné des canons pour empêcher le mors de faire la bascule.

Les parties de la bouche qui reçoivent l'action du mors sont les *barres*, les *lèvres*, la *langue* et la *barbe*. De leur différence de conformation et de sensibilité dépendent les effets du mors.

Les barres *minces* et *tranchantes* sont sensibles ; *rondes, charnues* et *colleuses,* elles sont insensibles.

Le volume de la langue, celui des lèvres, et la saillie de l'os du menton, répondant à la barbe, modifient aussi l'action du mors. En principe général elle sera d'autant plus grande que les parties mises en rapport avec le mors offriront moins de points de contact à son appui.

Il suit de là :

1° Que la bouche sera fine, quand les barres, les lèvres et la langue seront minces et l'apophyse du menton saillante ; le mors doux se rapporte à cette disposition des parties de la bouche :

2° Qu'elle sera insensible, si les barres sont rondes et charnues, la langue volumineuse, les lèvres épaisses, l'apophyse du menton peu saillante ; le mors dur convient à cette disposition des parties de la bouche :

3° Que le mors ordinaire conviendra à une bouche bonne ou à toute main, qui présente les conditions moyennes des deux premières conformations.

Relativement à la position de la tête du cheval, s'il porte au vent, il faut lui donner un mors à branches *flasques :* on les appelle ainsi lorsqu'elles sont dirigées en arrière.

Si le cheval s'encapuchonne, on donnera au mors des branches *hardies :* c'est par ce terme qu'on indique leur direction en avant.

Pour que l'embouchure soit bien appropriée à la bouche, les canons doivent porter sur les barres à un travers de doigt des crochets de la mâchoire postérieure ; le mors ne sera ni trop large, ni trop étroit, de manière à s'appliquer exactement sur les diverses parties de la bouche sans les blesser, et afin que chacune d'elles reçoive un effet relatif à la sensibilité dont elle est douée. La gourmette servira de point d'appui au mors pour en modifier la bascule. Enfin toutes ces parties ayant le degré d'action relatif à l'effet général à obtenir, l'animal salivera facilement, ce qui s'exprime en disant qu'*il goûte son mors.*

On doit, en général, emboucher les chevaux avec des mors *doux;* et comme il est impossible que dans un régiment chaque cheval ait une embouchure particulière, on a des mors de trois modèles : il y a un sixième de *mors doux,* quatre sixièmes de *mors ordinaires,* et un sixième de *mors durs.*

Cours d'équitation militaire.

(*Fig.* K). La *bride* se compose :
  Du dessus de tête (1) ;
  Des montans (2) ;
  De la sous-gorge (3) ;
  Du frontal (4) ;
  De la muserolle (5) ;

4

Des porte-mors (6) ;
Le mors (7).
Des rênes (7), lesquelles comprennent :
Les porte-rênes (8) ;
Le bouton fixe (9) ;
Le bouton coulant (10) ;
Le fouet (11) ;
(*Fig*. L). Le *filet* comprend :
Le dessus de tête (1) ;
Les montans (2) ;
Le mors (3) ;
Le frontal (3) ;
Les rênes (4).
(*Fig*. M). Le *bridon* est composé des mêmes parties que le filet ; il a de plus une sous-gorge (6).
(*Fig*. N). Le *licol* comprend :
Le grand côté (1) ;
Le petit côté (2) ;
Les jouillères (3) ;
Le dessus de nez (4) ;
La sous-barbe (5) ;
La boutonnière du dessus de tête (6) ;
La longe (7) ;
Les boucles et passans (8) ;
Les anneaux (9).

§ II. *Des aides.*

On appelle *aides* les mains et les jambes du cavalier, en ce qu'elles déterminent les actions du cheval.

Les mains sont les *aides supérieures*.

Les *aides inférieures* sont les jambes.

L'accord des mains et *des jambes* s'entend de l'ensemble de leurs actions pour produire le même mouvement. *L'accord de la position avec les aides* s'entend du rapport d'aplomb et d'équilibre que le corps du cavalier doit toujours conserver avec celui du cheval.

L'usage et l'effet des mains et des jambes, agissant isolément ou ensemble, sont expliqués à la première leçon du cavalier. (*Ordonnance de cavalerie*, n°s 286, 287 et 288). On ajoutera seulement que l'action de la main doit toujours être progressive et moelleuse, et celle des jambes divisée en trois degrés.

Le premier degré est une pression légère du mollet, qu'on augmente progressivement jusqu'à ce que toute la jambe, excepté le talon, touche le corps du cheval, ce qui constitue le deuxième degré. Le troisième est l'usage de l'éperon; son action prompte, énergique et appliquée à propos, le rend redoutable et efficace comme châtiment.

Il y a de plus des *aides supplémentaires*, dont on ne doit se servir que pour l'instruction des jeunes chevaux. Ce sont l'*appel de langue*, le *sifflement de la cravache*, la *longe* et la *chambrière*.

§ III. *Des châtimens.*

Les châtimens doivent être rares et toujours employés à propos.

Les moyens de correction sont les *éperons*, la *cravache* ou *gaule*, la *chambrière* et le *caveçon*.

(*Fig.* O). La *cravache*. On la remplace souvent par une branche de noisetier ou de bouleau, droite et flexible, et de même dimension que la cravache.

(*Fig.* P). La *chambrière*.

Le *caveçon* est une bande de fer, avec un anneau dans le milieu; il est monté d'une têtière et d'une sous-gorge. Il est *simple* (*fig.* Q), *denté* ou à l'italienne. (*fig.* R). Ce dernier a, de plus que l'autre, deux anneaux placés latéralement et dans lesquels on passe les rênes.

Le caveçon est maintenu par la *longe* qui s'attache à l'anneau du milieu.

La chambrière et le caveçon ne sont employés que pour l'instruction des jeunes chevaux, et pour corriger ceux qui bourrent en avant, et qui ont des défauts de méchanceté ou de mauvaises habitudes.

(*Fig.* S). L'*éperon*, composé de trois branches ; on nomme *collet* celle faisant saillie au milieu des deux autres qui forment un arc de cercle. Le collet est terminé par la *molette*, espèce d'étoile en fer armée de cinq à six pointes.

ART. 4.

DÉFINITION DES TERMES LES PLUS USITÉS DANS LA PRATIQUE DE L'ÉQUITATION.

A-coup ; toute action brusque ou saccadée de la main ou des jambes.

Air de manége ; cadence propre aux mouvemens du cheval dans chaque allure artificielle. On distingue les *airs bas* et les *airs relevés.*

Allures artificielles ; on ne fait plus usage que du *passage,* de la *galopade,* de la *courbette,* de la *ballottade* et de la *cabriole.*

Appui ; sensation que fait éprouver à la main du cavalier l'action du mors sur les barres du cheval. — *Appui* signifie aussi *foulée.*

Arrêt ; action de la main pour arrêter le cheval. *Temps d'arrêt, demi-arrêt,* même action, mais pour ralentir le mouvement sans le faire cesser. — *Arrêt* exprime aussi la cessation de mouvement.

Ballottade s'entend de l'élévation alternative de l'avant et de l'arrière-main.

Bipède ; deux pieds du cheval. *Bipède antérieur,* les pieds de devant; — *postérieur,* les pieds de derrière ; — *diagonal,* un pied de devant d'un côté et un pied de derrière de l'autre (*Voir* diagonal); — *latéral,* un pied de devant et un pied de derrière du même côté.

Cabriole ; saut le plus élevé que le cheval exécute. Étant en l'air, le devant et le derrière à la même hauteur, il détache la ruade.

Carrière ; manége découvert qu'on doit tracer aussi grand que possible.

Changement de main ; mouvement du cheval qui, dans le manége, va diagonalement de l'un des grands murs à l'autre, pour marcher dans un sens différent. — *Changement de main* et *de pied,* action du cheval qui change le côté de la direction et de la combinaison de ces extrémités en galopant.

Chevaler ou *chevaucher ;* le cheval, marchant par des pas de côté, fait passer les jambes du dehors par - dessus celles du dedans.

Coins ; angles du manége.

Contre-changement de main ; éxécution de deux ou de plusieurs changemens de main successifs.

Courbette ; saut en place. Le cheval s'enlève du devant, en pliant les jarrets et baissant les hanches.

Dedans ; tout ce qui, pour le cavalier,

est du côté de l'intérieur du manége ; se nomme *du dedans*.

Dehors ; tout ce qui, pour le cavalier, est du côté du mur le long duquel il marche, se nomme *du dehors*:

Diagonal ; est un bipède. — *Droit,* pied droit de devant et pied gauche de derrière ; — *gauche,* pied gauche de devant et pied droit de derrière.

Doubler, tourner en dedans pour quitter la ligne droite qu'on suivait, et en décrire une nouvelle qui forme angle droit avec la première.

Epaule renversée ; quand le cheval décrit un cercle par des pas de côté et la tête vers le centre, il a *l'épaule renversée.*

Fermer ; signifie tenir les hanches.

Finir son cheval ; c'est terminer une leçon de manége en faisant travailler son cheval au pas sur le cercle, les épaules en dehors ou en dedans.

Foulée ou *appui ;* temps de la marche pendant lequel le pied pose sur le sol.

Galopade ; galop à trois temps, raccourci et cadencé, qu'on emploie d'habitude pour le travail de manége, d'où il est aussi nommé *galop de manége.*

Grandir (*se*) ; de la part du cavalier, c'est soutenir le haut du corps, en ouvrant la poitrine et levant la tête : pour le cheval, c'est l'action de couler ses hanches sous lui et de s'élever du devant.

Hanches : tenir les hanches , fermer , fuir les talons , expressions synonymes qui signifient faire marcher le cheval par des pas de côté , de manière que les jambes du dehors chevalent sur celles du dedans.

Large : aller , marcher large ; c'est suivre exactement les murs du manége , ou reprendre la ligne droite qu'on suivait précédemment.

Lever ; désigne l'instant où , dans la marche , une extrémité quitte le sol.

Manége ; emplacement entouré de murs, où l'on exerce les hommes et les chevaux à la pratique de l'équitation. Il est couvert ou découvert ; dans ce dernier cas , il se nomme *carrière.*

Les dimensions les plus favorables de tout manége sont d'avoir en largeur le tiers de sa longueur. Du reste , plus il est grand , meilleur il est.

Mis ; un cheval est *mis ,* quand il obéit aux aides avec justesse.

Murs ; les *grands murs* sont les grandes faces latérales du manége ; on ne dit pas le *petit mur ,* mais le *petit côté.* Le cheval travaille, la tête ou la croupe *au mur,* selon qu'il a ses parties tournées vers le mur le long duquel il marche.

Passage ; pas écouté et relevé, qui a l'action du trot, mais plus élevé et plus raccourci que celui-ci , et plus cadencé que le pas. La combinaison des extrémités est la même qu'au trot, mais le cheval marque plus long-temps le soutien.

Piste; ligne droite ou circulaire que tracent les pieds du cheval. Il va *d'une piste*, lorsque les pieds de derrière parcourent la même piste que ceux du devant : il va *de deux pistes*, lorsqu'il marche par des pas de côté.

Poser; instant où, pendant la marche, le pied du cheval arrive sur le sol.

Reprise; durée de travail qu'on fait exécuter, sans interruption, à l'homme ou au cheval. — *Reprise* indique encore un certain nombre d'hommes ou de chevaux travaillant en même temps et ensemble.

Saccade; action brusque et violente de la main.

Sauteur; cheval dressé pour exécuter les différents sauts : il y a le *sauteur dans les piliers*, et le *sauteur en liberté.*

Serrer un mouvement, c'est l'exécuter en diminuant l'étendue du terrain qu'on parcourt.

Soutien; instant qui sépare le *lever* du *poser* des extrémités dans la marche.

Tride; exprime l'action vive, cadencée d'un cheval bien mis, dans les différentes allures.

Volte; cercle régulier une fois décrit.

Demi-volte; la moitié de ce cercle, dont le diamètre doit être sur la ligne que l'on parcourt.

Art. 5.

INSTRUCTION PRATIQUE DU MANÉGE.

Le travail de manége étant considéré comme un complément de l'instruction militaire , on ne doit y admettre que les hommes et les chevaux qui sont jugés capables d'en profiter.

Les cavaliers ayant été familiarisés , par les leçons de l'Ordonnance , au travail en bridon , les chevaux sont bridés et les cavaliers ont les éperons.

Les reprises sont formées de huit , seize ou vingt-quatre cavaliers. On fait monter à cheval , rompre pour se porter en file sur les pistes , se réformer , et mettre pied à terre , d'une manière analogue à celle prescrite par l'Ordonnance , mais sans s'attacher à la régularité et à l'ensemble d'exécution que réclame le travail militaire.

Le travail de manége est divisé en trois leçons, contenant chacune deux parties.

Les leçons sont graduées en raison des difficultés que présente la conduite du cheval aux différentes allures et dans toutes les directions.

La première leçon comprend la *position* , la *marche directe au pas* et *au trot* , et la *marche circulaire au pas*.

La deuxieme leçon renferme la *marche circulaire au trot*, la *marche de côté au pas*, et la *marche directe au galop*.

La troisième leçon se compose de la *marche de côté au trot*, de la *marche circulaire au galop*, puis du *travail par reprises* de trois ou quatre cavaliers, et du *travail dans la carrière*.

Le travail dans la carrière a pour objet de donner aux cavaliers de la hardiesse et de la confiance, en les familiarisant avec une équitation vigoureuse. Il se compose des *mouvemens du travail de manége*, mais à des allures plus décidées et plus alongées, et des *différens sauts*. A l'Ecole de cavalerie, on emploie la selle anglaise pour ce travail.

Les commandemens dont on doit se servir, pour l'exécution des leçons, sont indiqués, en tête des explications, par des LETTRES MAJUSCULES. Ils doivent être prononcés d'un ton ferme et décidé, mais non avec l'étendue de voix et l'énergie que demandent les commandemens militaires.

Iʳᵉ LEÇON.

TRAVAIL AVEC LES ÉTRIERS RELEVÉS,

Iʳᵉ PARTIE.

POSITION DE L'HOMME, MARCHE DIRECTE AU PAS.

1. Les chevaux étant placés sur la même ligne, à trois pas l'un de l'autre, le cavalier tenant la cravache ou la gaule dans la main gauche, le petit bout en bas, on monte à cheval comme il est expliqué à l'*Ecole du cavalier.*

2. On examine et on rectifie la *position* à cheval. On entend, par ce mot, la disposition de toutes les parties du corps de l'homme sur le cheval, de la manière la plus convenable aux deux individus. La meilleure position est celle décrite dans l'Ordonnance, parce qu'elle est basée sur la structure de l'homme.

Le corps du cavalier à cheval se divise en trois parties, *une immobile* et *deux mobiles.* La partie immobile comprend toute l'étendue des cuisses depuis leur articulation avec le coxal jusqu'aux genoux, et de plus la pointe des fesses. La *partie mobile supérieure* comprend tout le haut du corps, jusques à l'articulation du coxal avec la cuisse. Les jambes et les pieds forment la *partie mobile inférieure.*

Position des rênes dans la main gauche.

3. Les rênes dans la main gauche comme le prescrit l'Ordonnance, la cravache dans la main droite, le petit bout en bas, dans une direction verticale, le long de l'épaule du cheval; la main droite au-dessous et à 5 ou 8 centimètres (2 ou 3 pouces) à droite de la gauche.

Pour ajuster les rênes, mêmes principes que dans l'Ordonnance.

PRENEZ LES RÊNES DANS LA MAIN DROITE.

4. Saisir les rênes de la main droite à pleine main au-dessus de la gauche, de manière que les deux pouces se touchent et que l'extrémité des rênes sorte de la main droite du côté du petit doigt, qui sera moins rapproché du corps que dans la position de la main gauche tenant les rênes; la cravache toujours dans la main droite, la gauche tombant sur le côté.

5. En marchant, on fait habituellement tenir les rênes de la bride dans la main du

dehors, et celles du filet dans la main du dedans. Dans cette position, la main qui tient le filet fait agir la rêne du dedans avec le petit doigt, et la rêne du dehors avec le pouce et le premier doigt.

Emploi simultané de la bride et du filet.

6. Lorsqu'on se sert de la bride pour gouverner le cheval, on ne fait usage du filet que pour lui placer le bout du nez, et particulièrement dans les mouvemens par des pas de côté.

Emploi alternatif de la bride et du filet.

7. On se sert du filet pour rafraîchir la bouche du cheval, qui pourrait s'engourdir et s'échauffer par l'emploi de la bride long-temps continué; mais, dans ce cas, on doit cesser l'action de la bride.

Toutes les fois qu'on veut remplacer l'action de la bride par celle du filet, il faut y préparer le cheval en le rassemblant avec la bride, dont on diminue l'effet à proportion qu'on augmente celui du filet. On emploie les moyens inverses pour substituer l'action de la bride à celle du filet.

On recommande surtout l'emploi du filet aux cavaliers dont la main est *dure*, c'est-à-dire, a des mouvemens dont les effets ne sont pas proportionnés à la sensibilité du cheval.

Des aides.

8. L'explication de l'usage et de l'effet des mains et des jambes est donnée par l'Ordonnance.

A VOS RÊNES.

9. Fixer la tenue de toutes les parties du corps, et assurer la position de la main de la bride, pour se disposer à exécuter le mouvement qu'indiquera l'écuyer.

NOTA. *Cet avertissement sert à prévenir le cavalier qu'il doit prendre sa position et prêter son attention.*

Rassembler ou prévenir le cheval.

10. *L'écuyer fait toujours précéder ses commandemens de l'avertissement* PRÉ-PAREZ VOUS A TEL MOUVEMENT.

A cet avertissement, élever la main en rapprochant le petit doigt du corps, les jambes près, pour préparer le cheval au mouvement qu'il doit exécuter.

PORTEZ-VOUS EN AVANT.

11. Baisser la main en diminuant l'effet des rênes, et fermer progressivement les jambes ; le cheval, ayant obéi, replacer la main et relâcher les jambes, en les main-

tenant toujours assez près pour agir sans à-coup, afin d'entretenir l'allure et de diriger le cheval concurremment avec les rênes.

Nota. *Les cavaliers conserveront en marchant une distance de 2 mètres (6 pieds) de tête à croupe.*

Passer le coin à droite.

12. Diriger le cheval bien droit, en le soutenant de la main de la bride et de la jambe du dedans.

Arrivé au coin , porter la main en avant et à droite de manière à augmenter la tension de la rêne gauche et à diriger à droite l'encolure du cheval; et fermer la jambe droite, en contenant le mouvement du cheval avec la jambe gauche.

Le corps du cavalier doit tourner avec celui du cheval, de manière à conserver avec lui le rapport de sa direction et de son aplomb.

Passer le coin à gauche.

13. Mêmes principes et moyens inverses.

ALONGEZ.

14. Baisser un peu la main , et augmenter progressivement l'effet des jambes, soutenant la colonne vertébrale pour prévenir

le vacillement du haut du corps, et l'empêcher de rester en arrière. Le cheval ayant
obéi, replacer la main et les jambes.

RALENTISSEZ.

15. Former des demi-temps d'arrêt, en
élevant la main comme pour rassembler
le cheval, mais en augmentant l'effet des
rênes jusqu'à ce que le cheval ralentisse
son allure ; avoir les jambes près jusqu'à ce
que l'allure soit suffisamment ralentic.

ARRÊTEZ.

16. Elever la main plus ou moins horizontalement suivant l'effet qu'on veut obtenir, la position de la tête et la direction
de l'encolure du cheval ; avoir les jambes
près, et diriger un peu le haut du corps en
arrière en affermissant la colonne vertébrale, afin que l'arrêt n'attire pas le haut
du corps en avant. Le cheval ayant obéi,
se relâcher en reprenant la position ordinaire.

DOUBLEZ (*dans la longueur ou la largeur*).

17. Tourner en dedans conformément
aux principes du passage des coins, n°ˢ 12
et 13 ; après avoir tourné, se porter bien
droit en avant par une action égale des

rênes et des jambes, et traverser le manége dans sa longueur (ou dans sa largeur) en suivant une ligne parallèle aux côtés.

A l'extrémité de la ligne du doublé, tourner de nouveau en dedans et suivre la piste.

Nota. *L'écuyer commande le doublé dans la longueur, lorsque le cavalier est près d'arriver au milieu du petit côté du manége.*

CHANGEZ DE MAIN.

18. Diriger le cheval sur une ligne diagonale avec la main de la bride et la jambe du dedans, en réglant l'effet de ses aides par la jambe du dehors.

Traverser diagonalemeut le manége dans sa longueur, et, contenant le cheval bien droit des épaules et des hanches, le diriger vers l'autre piste à six ou huit pas avant le coin : en y arrivant, redresser le cheval par les moyens inverses et suivre la piste.

Nota. *L'écuyer commande ce mouvement lorsque le cavalier, après avoir passé le coin, a fait six à huit pas sur la grande piste.*

DOUBLEZ (*pour changer de main*).

19. Traverser le manége dans la longueur (ou la largeur) par les moyens et d'après les principes indiqués n° 17 ; arrivé à la

piste opposée, tourner le cheval à l'autre main, en employant les moyens inverses.

Observations.

20. L'écuyer rend, dans cette leçon, le travail individuel autant que possible, pour replacer les parties du corps que les mouvemens du cheval auraient dérangées. Il désigne nominativement le cavalier qu'il veut faire doubler, lui recommande de prévenir son cheval avant de le déterminer à doubler, et lui prescrit de se servir d'autant plus des jambes qu'il a plus à combattre sa tendance à suivre celui qui le précède.

L'écuyer recommande aussi au cavalier qui marche derrière celui qui doit doubler, d'empêcher son cheval de le suivre, en soutenant la main en dehors et sentant la jambe du dedans, pour le maintenir sur la piste.

DOUBLEZ (*individuellement*).

21. Doubler d'après les principes indiqués n° 17; en traversant le manége dans sa largeur, conserver son intervalle du côté du conducteur de la reprise, afin d'avoir le terrain nécessaire pour se mettre en file sur la piste opposée.

La reprise marche alors dans l'ordre renversé ; elle revient dans l'ordre naturel en répétant le même mouvement.

NOTA. *L'écuyer commande ce mouvement, lorsque les cavaliers sont en file sur l'un des grands côtés, et il est exécuté par tous en même temps.*

Terminer la leçon.

22. Faire doubler individuellement et arrêter les cavaliers au milieu du manége où ils mettent pied à terre, conformément à ce qui est prescrit par l'Ordonnance, en ajoutant, avant de saisir une poignée de crins, d'élever la cravache avec la main droite, le bras étendu de toute sa longueur, et de la placer dans la main gauche, le petit bout en bas.

IIe PARTIE.

Marche directe au trot ; marche circulaire au pas.

Le cavalier étant en mouvement, on commande :

MARCHEZ AU TROT.

23. Mêmes principes que pour alonger,

ayant soin de proportionner l'effet des aides à la sensibilité du cheval.

Accord de la position du cavalier avec les mouvemens du cheval au trot.

24. Pour conserver sa position à cette allure, il faut glisser les fesses sous soi, assurer l'aplomb du corps sur sa base, donner à la colonne vertébrale le soutien et la flexibilité nécessaires pour annuler les réactions du cheval et conserver l'adhérence des fesses avec la selle; éviter de mettre de la raideur dans les cuisses et les jambes, afin qu'elles conservent leur effet comme contre-poids et qu'elles servent à fixer les fesses au fond de la selle.

Passage du coin au trot.

25. Dans la ligne circulaire que le cheval décrit en passant un coin, son corps, s'inclinant d'autant plus vers le centre du cercle qu'il marche à une allure plus vive, doit faire prendre au corps du cavalier un même degré d'inclinaison, en sorte qu'ils conservent toujours entre eux leur rapport de position.

Le cavalier doit avoir ses épaules et ses hanches dans la direction du rayon du cercle qu'il parcourt, de manière à tourner en même temps que son cheval.

5*

Observation.

26. On fait *alonger*, *ralentir*, *doubler* et *changer de main* par les moyens et d'après les principes indiqués à l'allure du pas.

MARCHEZ AU PAS.

27. Mêmes principes que pour ralentir, ayant soin de soutenir la colonne vertébrale en portant le haut du corps un peu en arrière.

EN CERCLE A DROITE (*ou à gauche*).

28. Porter la main en dedans pour amener l'avant-main du cheval sur la ligne circulaire; fermer la jambe du dedans, pour diriger les hanches sur cette ligne, soutenir le cheval et entretenir son allure; employer la jambe du dehors pour empêcher les hanches de fuir de ce côté.

Céder à l'inclinaison que le cheval, en se plaçant sur le cercle, imprime à la position du cavalier.

CHANGEZ DE MAIN (*en dehors du cercle*).

29. Redresser le cheval en portant la main et fermant la jambe du côté qui devient du dedans, et le replacer sur la ligne circulaire à la nouvelle main.

Nota. *L'écuyer commande ce mouvement lorsque le conducteur de la reprise arrive vers le milieu du manége.*

CHANGEZ DE MAIN (*en dedans du cercle*).

50. Diriger le cheval, en tournant toujours à la même main, vers le centre du cercle ; en y arrivant, redresser le cheval en portant la main en dehors et fermant la jambe de ce côté, pour lui faire gagner le point de la circonférence opposé à celui qu'on a quitté, et le replacer sur la ligne circulaire à la nouvelle main.

MARCHEZ LARGE.

51. Porter la main en dehors pour redresser le cheval, et fermer les deux jambes pour le diriger diagonalement vers la piste ; y étant arrivé, le placer suivant la main à laquelle on marche.

Nota. *L'écuyer commande ce mouvement lorsque le conducteur de reprise est près de rejoindre la piste.*

Terminer la leçon.

52. L'écuyer fait doubler individuellement comme au n° 21 ; et les cavaliers étant au milieu du manége, il fait arrêter.

RECULEZ.

53. Soutenir la colonne vertébrale et la diriger un peu en arrière, afin de combattre sa tendance à se porter en avant; élever la main comme pour arrêter, en augmentant son effet jusqu'à ce que le cheval obéisse; baisser ensuite la main, et continuer de reculer en répétant alternativement ces deux mouvemens *d'arrêter et rendre*, et en ayant les jambes près pour contenir les hanches dans la direction des épaules.

ARRÊTEZ.

54. Baisser la main et tenir les jambes près pour arrêter le mouvement rétrograde; le cheval ayant obéi, replacer la main et les jambes.

Nota. *On fait ensuite mettre pied à terre comme au n° 22.*

IIᵉ LEÇON.

TRAVAIL AVEC LES ÉTRIERS.

Iʳᵉ PARTIE.

MARCHE CIRCULAIRE AU TROT; MARCHE DE
CÔTÉ AU PAS.

Longueur des étriers.

55. Pour que les étriers soient bien ajustés, il faut que, le cavalier étant bien assis,
ses cuisses et ses jambes bien placées dans
la position indiquée, la grille des étriers,
avant qu'ils soient chaussés, soit à hauteur
des talons du cavalier.

On chausse le pied jusqu'au tiers dans
l'étrier, le talon se trouve alors plus bas
que la pointe du pied.

L'étrier ne doit porter que le poids de la
jambe.

Pour conserver les étriers, le jeu de l'articulation du pied avec la jambe doit être
parfaitement libre.

Observations.

36. Les étrivières trop *courtes* font ouvrir et remonter les genoux, font perdre aux jambes leur action comme contre-poids, et dérangent l'équilibre.

Quand les étrivières sont *trop longues*, le cavalier ne peut faire porter les pieds sur les étriers qu'en alongeant forcément les jambes et la pointe des pieds; alors les talons se lèvent, les jambes se raidissent, et le corps, dirigé en avant, porte sur l'enfourchure et perd son aplomb.

Les étriers doivent être pour le cavalier une espèce de balance qui l'avertit du déplacement de son corps et de la raideur de quelques parties.

37. L'écuyer fait *porter* les cavaliers *en avant, passer au trot, se mettre en cercle, changer de main sur le cercle, marcher large, doubler, changer de main, marcher au pas,* comme dans la 1re leçon.

TRACEZ UNE PISTE INTÉRIEURE.

38. Diriger le cheval diagonalement à un ou deux pas en dedans du manége, et le conduire parallèlement à la piste qu'on a quittée, par l'action de la main et celle de la jambe du dedans, dont l'effet est réglé par la jambe opposée.

Pour empêcher le cheval de se porter sur la piste ordinaire, soutenir la main en dedans, et se servir de la jambe du dehors, surtout au passage des coins.

Nota. *Lorsque les cavaliers ont appris à appuyer, ils peuvent encore placer le cheval sur une piste intérieure par les moyens indiqués ci-après (n° 42) pour faire changer de main en tenant les hanches.*

REPRENEZ LA PISTE.

39. Replacer le cheval sur la piste, d'après les mêmes principes et par les moyens inverses à ceux dont on s'est servi pour la quitter.

DEMI-HANCHE LA TÊTE AU MUR (*au pas*).

40. Former un demi-temps d'arrêt; soutenir la main un peu en dehors, pour ralentir l'épaule de ce côté, fermer la jambe du dehors pour faire fuir les hanches, en les soutenant de la jambe du dedans; reporter alors la main en avant et en dedans, pour diriger le cheval le long du mur et forcer le bipède latéral du dehors à se croiser sur celui du dedans.

La direction en arrière de la jambe du cavalier tendant à amener son corps en avant, et la marche latérale du cheval le disposant à rester en dehors, on recommande de diriger un peu le haut du corps du côté vers lequel on appuie.

MARCHEZ LARGE.

41. Redresser le cheval sur la piste en fermant la jambe du dedans, et baisser ensuite la main, les jambes près.

CHANGEZ DE MAIN (*en tenant les hanches, au pas*).

42. Former un demi-temps d'arrêt; porter la main en avant et en dedans pour déterminer les épaules du cheval de ce côté, fermer la jambe du dedans qui doit régler le mouvement des hanches, entretenir l'allure, et faire gagner du terrain en avant.

En traversant diagonalement le manége dans sa longueur, placer le cheval de manière que ses épaules et ses hanches soient sur une ligne presque parallèle aux grands côtés : arrivé à la piste, le placer à la nouvelle main, en se servant des aides qui deviennent du dedans.

Finir le cheval.

43. Les cavaliers parvenus à ce degré d'instruction, on termine toutes les leçons par ce qu'on appelle *finir son cheval.* A

cet effet , l'écuyer ayant fait mettre en cercle , commande :

LES ÉPAULES EN DEHORS.

Former un demi-temps d'arrêt, et fermer la jambe du dehors pour faire fuir les hanches, porter la main en avant et en dedans pour déterminer les épaules du cheval de ce coté, et continuer à fermer la jambe du dehors en soutenant de la jambe du dedans, de manière que le cheval décrive un cercle en suivant deux pistes ; la première décrite par les extrémités antérieures , la seconde par les extrémités postérieures, les épaules en dehors.

Après avoir marché ainsi quelque temps , l'ecuyer commande *d'appuyer de l'autre côté*.

Former un demi-temps d'arrêt pour arrêter l'avant-main , continuant à fermer la jambe du dehors pour chasser les hanches, et lorsque le cheval se trouve dans la position d'appuyer à l'autre main , employer les moyens inverses à ceux dont on faisait précédemment usage pour lui faire décrire le cercle sur deux pistes.

Pour terminer le mouvement , l'écuyer fait *marcher large* ou *arrêter*.

IIe PARTIE.

MARCHE DIRECTE AU GALOP.

De la manière de sentir les mouvemens du cheval.

44. De toutes les parties du corps de l'homme où puissent se faire sentir les mouvemens du cheval, la pointe des fesses est celle qui en ressent l'action la plus directe et la plus forte. C'est donc par l'effet des impulsions qu'éprouve l'assiette du cavalier, que celui-ci doit se rendre compte du mécanisme des extrémités.

Les cuisses, par leur position adhérente au corps du cheval, peuvent aussi concourir à faire connaître ce mécanisme ; mais seulement d'une manière secondaire et pour les extrémités antérieures.

Dans *le galop à droite*, l'aplomb du cavalier étant bien établi par la juste répartition du poids du corps sur la base, la jambe postérieure gauche du cheval, en exécutant la première foulée, fait sentir la réaction, qui en est la suite, à la fesse gauche du cavalier, et l'avertit du *poser* de cette extrémité. Le diagonal gauche, exécutant ensuite une deuxième battue, imprime une impulsion à la fesse droite.

Le galop à gauche fait ressentir des impressions en sens inverse.

Si le cheval est *désuni,* un mouvement désordonné dans tout le corps du cavalier, lui indique suffisamment le dérangement de la combinaison voulue dans les extrémités.

Si le cheval est *faux,* le cavalier éprouve des impressions en sens inverse de celles qu'il doit ressentir dans le galop juste.

PARTEZ AU GALOP (*à droite*).

45. Maintenir le cheval droit des épaules et des hanches, élever la main par degrés, afin de faciliter le lever des jambes de devant; avoir les jambes près.

Le cheval ainsi préparé, porter la main un peu en avant et en dehors, pour donner à l'épaule du dedans la facilité de dépasser celle du dehors, et fermer les deux jambes pour chasser le cheval en avant. S'il hésitait à partir juste, faire primer l'action de la jambe du dehors, pour stimuler le bipède latéral gauche à se lever, dans chaque train, avant le bipède latéral droit.

La jambe du dedans soutient les hanches que celle du dehors pourrait jeter en dedans.

PARTEZ AU GALOP (*à gauche*).

46. Mêmes principes et moyens inverses.

Observations.

47. Une fois le galop bien décidé, le cavalier replace par degrés la main et les jambes, mais tenant toujours celles-ci prêtes à entretenir l'allure.

Si le cheval galope *faux* ou *désuni*, l'écuyer fait passer au trot et indique les moyens nécessaires pour le faire partir et le maintenir sur le bon pied.

MARCHEZ AU TROT.

48. Mêmes moyens que pour passer du trot au pas, n° 27.

IIIᵉ LEÇON.

TRAVAIL PAR REPRISES ; SAUTEURS ; TRAVAIL DE CARRIÈRE.

Iʳᵉ PARTIE.

RÉPÉTITION DES LEÇONS PRÉCÉDENTES ; MARCHE DE CÔTÉ AU TROT : MARCHE CIRCULAIRE AU GALOP ; SAUTEUR DANS LES PILIERS.

49. On fait répéter les mouvemens des deux leçons précédentes, faisant exécuter *au trot* la marche par des pas de côté, nᵒˢ 40, 41 et 42.

VOLTE (*au pas*).

50. Se détacher de la piste pour décrire un cercle sans passer le milieu du manége, et le terminer au même point où on l'a commencé.

DEMI-VOLTE (*au pas*).

51. Mêmes moyens que pour la volte, en observant de redresser le cheval et de rejoindre la piste par une ligne diagonale, pour marcher à l'autre main.

NOTA. *L'étendue de la volte et de la demi-volte doit-être calculée par le conducteur sur la profondeur de la reprise.*

PARTEZ AU GALOP (*sur le cercle*).

52. En élevant la main pour préparer le cheval au départ, le maintenir toujours sur la ligne circulaire.

Le cheval ainsi préparé, baisser la main et faire agir les jambes avec la progression indiquée n° 45, et en continuant à soutenir de la jambe du dedans.

Dans ce mouvement, il est inutile de porter la main en dehors, parce que l'extrémité antérieure du dedans est forcée, pour soutenir le cheval sur le cercle, de dépasser celle du dehors.

Observation.

53. Avant de faire exécuter les changemens de main sur le cercle, on fait toujours *passer au trot* par les moyens indiqués n° 47 ; mais, étant *au galop sur le cercle*, on peut faire *marcher large*, ou, étant sur *la ligne droite*, faire *mettre en cercle*, par les moyens indiqués pour ces différens mouvemens, en continuant l'allure du galop.

Monter le premier sauteur dans les piliers (le cavalier doit être sans éperons).

54. Le travail du sauteur dans les piliers se compose alternativement, à cette leçon, du simple enlevé de l'avant sur l'arrière-main, puis de l'arrière-main sur l'avant-main.

Dans le premier cas, il faut maintenir son corps d'aplomb, en le dirigeant suffisamment en avant pour prévenir sa chute en arrière ; dans le second cas, il faut porter le haut du corps un peu en arrière, et bien conserver avec la selle l'adhérence des cuisses.

Dans l'un et l'autre cas, il faut mettre dans toute la colonne vertébrale, et particulièrement dans les reins, la flexibilité nécessaire pour amortir les secousses du cheval. Il faut aussi se lier à lui des cuisses et des gras de jambes, de manière à suivre les mouvemens de son avant ou de son arrière-main qui, par leur élévation ou leur abaissement, ferment ou ouvrent l'angle formé par le corps et les cuisses du cavalier. L'assiette du cavalier ne doit pas être déplacée, et la pression des cuisses et des jambes doit être calculée de manière à conserver leur adhérence avec le cheval lorsqu'il retombe sur le sol.

IIe PARTIE.

TRAVAIL PAR REPRISES; SAUTEURS EN LIBERTÉ; TRAVAIL A L'EXTÉRIEUR.

55. Les cavaliers sont divisés par reprises de trois ou quatre hommes; les premiers ou les derniers cavaliers de chaque reprise en deviennent alternativement les conducteurs, selon qu'elles se trouvent dans l'ordre naturel ou inverse.

Toutes les fois que les cavaliers exécutent un mouvement simultané par reprises, ils conservent leur alignement et leur intervalle du côté du conducteur de la reprise de tête.

Chaque figure de manége doit être commandée de manière que le conducteur de la reprise de tête puisse marcher plusieurs pas sur la piste qu'il doit rejoindre avant de passer le coin.

Tous les mouvemens des leçons précédentes sont exécutés par reprises, successivement *au pas* et *au trot*; on ne fait exécuter *au galop* que des mouvemens qui n'exigent point que le cheval change de pied : pour ceux-ci, tels que *les demi-voltes* et *changemens de main*, on fait habituellement passer au trot, et on n'en vient jamais à les faire exécuter *du galop au galop* qu'aux cavaliers les plus instruits et aux chevaux les mieux dressés.

On fait exécuter, individuellement et sans tenir les hanches, des voltes, des demi-voltes et des changemens de main, lorsque tous les cavaliers sont en file sur une grande piste; ces mouvemens s'exécutent par chacun d'eux ainsi qu'ils sont détaillés n°s 42, 50 et 51.

Travail successif par reprises.

DOUBLEZ (*dans la largeur*).

56. Chaque conducteur, suivi par les cavaliers de sa reprise, exécute un *doublé dans la largeur,* se réglant sur le conducteur de la reprise de tête, afin de conserver la distance et d'arriver au mur en même temps.

Nota. *Les reprises étant interverties après l'exécution de ce mouvement, on le répète pour les replacer dans le premier ordre.*

CHANGEZ DE MAIN.

57. Chaque conducteur, suivi par les cavaliers de sa reprise, exécute un changement de main, se réglant sur le conducteur de la reprise de tête.

VOLTE OU DEMI-VOLTE.

58. Chaque conducteur, suivi par les cavaliers de sa reprise, se détache de la piste et décrit une volte ou une demi-volte d'après les principes détaillés n°ˢ 50 et 51, se réglant sur le conducteur de reprise de tête pour rentrer sur la piste.

Nota. *Les changemens de main, voltes et demi-voltes successives par reprise, doivent être commandés lorsque tous les conducteurs sont en file sur l'un des grands côtés.*

PAR REPRISE, DOUBLEZ (*individuellement*).

59. Doubler individuellement dans chaque reprise et successivement par reprise, ainsi qu'il est expliqué N° 21 ; descendre le manége dans toute sa longueur, en conser-

6

vant son intervalle du côté du conducteur de sa reprise.

A l'extrémité de la ligne du doublé, tourner de nouveau en dedans pour se mettre en file et suivre la piste.

Nota. *L'écuyer commande ce mouvement à la reprise de tête, lorsqu'elle se trouve en file sur l'un des petits côtés ; les autres reprises l'exécutent successivement sans commandement, lorsqu'elles arrivent sur le même point que la première. Elles se trouvent alors marcher dans un ordre renversé ; pour les remettre dans l'ordre naturel, on répète le même mouvement.*

Les reprises ayant doublé ainsi qu'il vient d'être dit, pour faire rétrograder les cavaliers, on commande :

DEMI-VOLTE INDIVIDUELLE.

60. Chaque cavalier exécute, sur sa ligne de doublé, une demi-volte ainsi qu'il est expliqué au n° 51, et se porte ensuite en avant.

On commande de nouveau le même mouvement, lorsque la reprise de tête arrive à quatre pas du mur.

61. *On fait ensuite exécuter, au lieu de la première demi-volte individuelle, une volte entière individuelle, et conti-*

nuer le doublé pour reformer la reprise générale dans l'ordre naturel.

Manière de faire changer le cheval de pied, du galop au galop.

62. Maintenir le cheval juste, par l'effet de la main et des jambes, pendant toute la durée du changement de main ou de la demi-volte. Près d'arriver sur la nouvelle piste où le mouvement doit se terminer, porter la main et fermer la jambe du côté qui va devenir du dehors, pour forcer le cheval à changer la combinaison de ses extrémités et à repartir de l'autre pied. Placer le cheval sur la piste par les moyens inverses à ceux employés pour la quitter.

Monter le sauteur en liberté.

63. En montant le sauteur en liberté, multiplier les points de contact en se liant au cheval des cuisses, des jarrets et des gras de jambes, et se servir des aides pour faire enlever ; soutenir la masse du cheval, et augmenter ou ralentir ses mouvemens ; au moment du saut, prévenir la chute du corps en avant ou son renversement en arrière, en lui donnant une direction opposée à celle que tend à lui imprimer le mouvement du cheval.

La courbette.

64. Après quelques tours de manége aux
différentes allures, le cheval étant arrêté,
le rassembler à un haut degré, et soutenir
la main un peu plus en avant que de coutume, les rênes également tendues, afin de
faire enlever l'avant-main ; toucher légèrement de la gaule sur les épaules et appeler de
la langue, continuant à soutenir la main ; fermer en même temps les jambes avec énergie
et justesse pour chasser les hanches sous le
centre de gravité et les contenir droites.
Les extrémités antérieures enlevées, rendre
un peu la main et la soutenir de nouveau
au moment où le devant retombe sur le sol.

Les pieds de derrière doivent rester en
place et sur la même ligne, pendant que le
cheval enlève ceux de devant.

La balotiade.

65. Le cheval étant au pas, calme, d'a-
plomb et disposé à répondre à la volonté du
cavalier, placer la cravache horizontalement dans la main droite et diagonalement
croisée au-dessus de la croupe, la tenant
à pleine main, le premier doigt alongé
sur le gros bout, le petit bout en arrière.

Rassembler le cheval et augmenter l'effet
de la main, pour obliger le train de devant
à s'enlever sur celui de derrière.

Le rejet du poids de la masse sur les extrémités de derrière ayant fait fléchir les jarrets, et le cheval ayant enlevé l'avant-main, fermer vivement les jambes et rendre un peu la main, en touchant légèrement sur la croupe pour faire aussi enlever l'arrière-main : le cheval étant détaché du sol, les genoux pliés et les extrémités à la même hauteur, soutenir la main pour l'empêcher de lancer la ruade. Au moment où les extrémités regagnent le sol, celles de devant les premières, suivre le mouvement de la masse du cheval en se liant à lui des cuisses, des jarrets et des gras de jambes, et soutenir la main pour être prêt à agir et à empêcher, au besoin, les extrémités de devant de fléchir.

Répéter ce saut deux ou trois fois.

La Cabriole.

66. Mêmes moyens que pour la balottade ; mais au moment où le cheval s'enlève, donner quelques coups de cravache sur la croupe et rendre un peu la main pour faire détacher la ruade.

67. *La courbette, la balottade et la cabriole sont les seuls airs de manége qui soient utiles au cavalier militaire, pour exécuter les sauts en hauteur et en largeur.*

6*

Travail extérieur.

Ce travail est divisé en deux degrés, dont le premier est le travail de carrière et le second le travail au large sur le terrain d'exercice (ou l'hippodrome).

68. Le travail de carrière ayant pour objet de donner de la hardiesse aux cavaliers et de les préparer au travail au large en liberté, les allures doivent être habituellement plus alongées que dans le manége.

L'écuyer doit animer ce travail par l'énergie du commandement et des explications, et en ne restant pas trop long temps aux allures lentes. Il exige que les cavaliers maintiennent exactement les distances prescrites.

Il met le plus grand soin à leur faire monter des chevaux qui ne leur offrent que des difficultés en rapport avec leur force en équitation et leur justesse d'exécution.

Pour le travail de carrière, les chevaux sont sellés et bridés et les cavaliers ont les étriers.

Nota. *L'École de cavalerie ayant adopté pour ce travail l'usage de la selle anglaise, mais toujours en conservant les principes de l'équitation française, on y prépare les élèves en les exerçant d'abord en bridon et sans étriers sur la selle française. On ne fait brider les chevaux que lors-*

que la position des hommes est bien assurée aux allures vives et franches, et quand on leur donne la selle anglaise, on recommence la progression des mouvements aux différentes allures.

Cette progression est ainsi qu'il suit :

69. *Faire marcher* les cavaliers *en file*, conservant entre eux une distance de 6 mètres (3 toises) ; *faire doubler* successivement dans la longueur et dans la largeur; *changer de main*, et exécuter la *marche circulaire* sur de très-grands cercles, d'après les principes indiqués aux leçons de manége. Ces différents mouvemens s'exécutent successivement au *pas* et au *trot*.

Alonger et ralentir le *trot* sur la ligne droite.

Doubler individuellement dans la largeur au *pas* et au *trot*.

Étant en cercle, *changer de main* en dehors du cercle, au *pas* et au *trot*.

Partir au *galop* sur la ligne droite, en repassant au *trot* pour *changer de main*.

Doubler dans la longueur et dans la largeur au *galop*.

70. Pour l'élévation de la barrière, on se conforme à ce que prescrit l'Ordonnance, 4ᵉ leçon du Cavalier.

Pour faire exécuter le saut, les cavaliers, continuant de marcher, prennent une distance de 12 mètres (6 toises) et doublent successivement de manière à se présenter au centre de la barrière et à la sauter l'un après l'autre. En arrivant à la barrière, maintenir le cheval droit par l'effet des rênes, rendre la main pour lui laisser la liberté de s'élancer en s'enlevant, et fermer en même temps les jambes avec énergie et justesse; soutenir un peu la main, lorsque le cheval arrive à terre. Après le saut, reprendre l'allure à laquelle on marchait précédemment.

On fait exécuter le saut de la barrière, le cavaliers étant à l'allure du *trot*, et enfin au *galop*, suivant l'habitude qu'ils contractent de cet exercice. Les chevaux ne doivent sauter qu'une ou deux fois au plus par leçon.

71. Les cavaliers ayant acquis, par le travail de carrière, hardiesse et solidité, on les exerce au large sur le terrain d'exercice (ou l'hippodrome) ; on y répète les mouvemens du travail de carrière, les cavaliers conservant entre eux 24 mètres (12 toises) de distance, et l'on a soin de faire marcher en tête de reprise l'un des plus adroits, à qui l'on donne un cheval dont les allures soient franches.

72. Pour la largeur du fossé et les principes du saut, on se conforme à ce que prescrit l'Ordonnance, 4e leçon ; et, pour l'exécution, à ce qui est dit pour le saut de la barrière n° 70.

73. Comme dans la carrière, on donne à la barrière toute l'élévation que l'on juge

les chevaux capables de pouvoir franchir. On a toujours le soin de ne leur faire sauter , soit le fossé , soit la barrière , qu'une ou deux fois par leçon.

74. Enfin on exerce les cavaliers à la *course*, lorsque le terrain est assez vaste pour ne pas obliger à de fréquens changemens de direction , et pour permettre de ne les exécuter que sur de très-grands cercles. On fait alors exécuter une course à chaque main.

75. Le cheval étant au galop ordinaire , alonger progressivement l'allure jusqu'à ce que l'on arrive au *galop de course*, en fermant les jambes et rendant la main , la tenant cependant toujours prête à soutenir le cheval en cas d'accident ; aider l'impulsion du cheval en portant le corps un peu en avant.

76. Ralentir l'allure par degrés , et ne jamais chercher à arrêter court.

TITRE II.

EMPLOI AU TRAIT ET AU BAT.

ARTICLE PREMIER.

DU CHEVAL DE TRAIT.

Le cheval de trait, propre au service de l'artillerie, doit être d'un âge fait (de 5 à 8 ans) : le minimum de son âge pour son admission dans les remontes est fixé à 60 mois révolus. Il doit être d'une taille de 1,515 m. à 1,570 m. (8 à 10 pouces), parfaitement d'aplomb ; il doit avoir les formes dégagées mais bien fournies, les épaules suffisamment larges pour l'appui du collier, mais pas trop chargées ; le corps plein, les côtes bien tournées, les extrémités solides, et surtout les pieds excellens. Il faut en outre qu'il réunisse, autant que possible, les qualités du cheval de selle, qu'il trotte et galope avec aisance, que ses allures soient égales, et qu'enfin il ne soit point ombrageux.

Les chevaux de trait doivent être accouplés par taille, par âge, par force, par tempérament et, si cela se peut, par robes.

Le tirage des bouches à feu en campagne, et des autres voitures destinées au service de l'artillerie, est généralement calculé à raison de 250 à 300 kilogrammes par cheval.

Pour que le cheval tire avec le plus d'avantage possible, il faut que les traits forment un très-petit angle avec le plan horizontal ; la ligne de traction étant presque perpendiculaire à la face des épaules du cheval, toutes les parties de la base de l'encolure sont également pressées par le collier.

Plus les traits sont courts et, par conséquent, plus le cheval se trouve rapproché du fardeau, sans cependant le toucher dans le recul, plus il a de facilité à le mettre en mouvement.

Les voitures sont à *brancards*, à *limonière* ou à *timon*.

Les premières sont ordinairement à deux roues : le cheval placé dans les *brancards*, doit être choisi parmi les plus forts et les plus solides, parce qu'il est destiné en même temps à tirer, à diriger la voiture et à la maintenir en équilibre. Les chevaux de ces voitures peuvent être attelés en file, l'un devant l'autre, ou par deux ou trois de front.

Dans les *voitures à limonière*, on peut placer également trois ou deux chevaux de front. Dans le premier cas, la limonière est fixée au centre de la voiture ; dans le deuxième cas, elle peut être ainsi placée, mais alors le second cheval est attelé sur une traverse ou un palonnier qui dépasse le côté gauche de la voiture ; ou enfin la limonière est placée sur le côté droit de manière que le bras gauche soit au centre de la voiture. Ce dernier mode est celui employé par les Anglais pour le train d'artillerie.

Les *voitures à timon* ont ordinairement quatre roues : les chevaux sont placés deux par deux, ceux du timon attelés sur la voiture, soit directement par une volée fixe, soit par l'intermédiaire d'un palonnier. C'est le tirage à volée fixe qui a été préféré par l'artillerie française.

Les voitures à deux roues peuvent être aussi attelées avec un timon, mais il faut alors qu'il soit supporté par les deux chevaux. Les nouvelles voitures de l'artillerie française produisant l'effet des voitures à deux roues, par suite de l'indépendance qui a été conservée entre l'avant-train et l'arrière-train, elles sont attelées avec un timon, soutenu par deux points d'attache disposés sur les colliers même des chevaux, de manière à ne pas gêner leurs mouvemens. Les chevaux de devant sont attelés traits sur traits avec ceux de derrière, de manière que chaque cheval conserve une indépendance entière telle que les efforts de tous sont, dans toutes les circonstances, transmis directement au fardeau. On a obtenu ce résultat au moyen de crochets ou boutons, placés sur les traits des chevaux qui se trouvent en arrière, à environ 10 pouces du collier, ce qui laisse à chaque cheval assez de latitude pour n'être point entraîné par celui qui est devant lui.

On n'emploie plus aujourd'hui, pour le service des armées, que deux espèces de harnais : les uns, dits *à la française*, comportant une sellette, servant à atteler quelques voitures à brancards, telles que les ambulances légères et les charrettes à boulets des équipages d'artillerie de siége ; les autres, connus sous la dénomination de *harnais à l'allemande*, sont généralement en usage pour l'attelage des voitures d'artillerie et des équipages militaires.

Le *collier* est la partie la plus essentielle des harnais ; la *bricole*, quoique plus simple et plus légère, a été entièrement rejetée du service militaire par suite des inconvéniens qu'on lui a reconnus. La forme du collier doit être telle, qu'il ne gêne jamais le cheval, ni dans ses mouvemens, ni dans sa respiration. Il faut le *sommier* ample et assez élevé pour que l'encolure se trouve bien dégagée ; les *mamelles* doivent être larges et rebondies sous les pointes d'attaches des traits, en conservant méplates les faces antérieures qui portent sur le cheval. Un peu au-dessous, le corps du collier doit s'amincir brusquement, de manière que les *mamel-les* ne soient en contact qu'avec le dessus des épaules (dont les parties latérales, ainsi que les pointes, doivent rester entièrement dé-gagées), et que le centre inférieur offre toute liberté au poitrail et à la trachée-ar-tère.

Outre les *traits*, les *fourreaux*, le *sur-dos* ou *mantelet*, et la *croupière*, qui sont communs à tous les harnais, celui des che-vaux de derrière a de plus une *plate-longe* et une *avaloire*. La *plate-longe* sert à di-riger la voiture, à l'arrêter, à la reculer ou la retenir dans les pentes rapides. *L'ava-loire* sert à établir sur le derrière du cheval des points d'appui, à l'aide desquels il re-tient ou recule par les effets de son arrière-main.

Un cheval de trait sur deux est monté par un cavalier, chargé de les conduire l'un et l'autre. Le cheval monté, qu'on nomme le *porteur*, est pourvu d'une bride et d'une selle de cavalerie : la bride n'est pas néces-saire pour le cheval *sous verge*, mais il faut au moins qu'il ait un mors, pour que le ca-valier n'ait pas trop de peine à le conduire en même temps que son porteur.

Art. 2.

DU CHEVAL DE BAT.

Tout cheval qui, par sa conformation, se rapproche du mulet, peut être utilement employé au service du bât. Il ne doit pas avoir moins de 5 ans faits, et sa taille peut être de 1,455 m. à 1,515 m. (4 pieds 5 à 8 pouces) : une taille plus élevée rendrait le chargement plus difficile.

Quant au mulet, on peut le faire travailler dès l'âge de cinq ans, d'abord modérément, puis graduellement jusqu'à 25 ans et plus. Il est souvent indocile, entêté et rusé; mais plein de mémoire, d'un tempérament fort et robuste, sobre et facile à nourrir, il a le pied très-sûr, l'allure douce, et n'a besoin que de peu de repos. Cependant il s'effraie du bruit des armes, et convient moins que le cheval au service des bouches à feu.

La charge du cheval de bât ou du mulet ne doit pas être de plus de 100 kilogrammes; plus elle est rapprochée du garrot, moins le cheval a de peine à la porter et à marcher. Dans les équipages d'artillerie de montagne, les objets de chargement un peu alongés, tels que les bouches à feu, doivent être placés sur le bât dans la direction de la colonne dorsale.

Le *bât*, quoique différent sous beaucoup de rapports de la selle de cavalerie, comprend cependant comme elle un *arçon* qui en fait la base solide, des *panneaux* rembourrés pour en faciliter l'appui sur le dos de l'animal, des *sangles*, *contre-sanglons*, une *croupière* pour le fixer, et divers prolongemens, *crochets et courroies* utiles au soutien de la charge. Pour empêcher que les ondulations produites par le mouvement de la marche n'occasionnent des meurtrissures ou des blessures, il faut donner une grande largeur aux panneaux et les rembourrer de manière que le garrot, les vertèbres du dos et des reins ne soient jamais comprimés; la charge doit de plus être disposée de manière à donner le moins de balancement possible, surtout dans la direction des flancs.

Si l'on pouvait établir des bâts dans le genre de ceux employés par les Espagnols, d'une manière assez solide pour le transport des fardeaux dont l'artillerie a besoin, l'expérience a prouvé que la forme de ces bâts est celle qui remplit le mieux les conditions nécessaires à ce genre de service.

IIIe PARTIE.

Conservation du Cheval.

TITRE PREMIER.

DU CHEVAL EN SANTÉ.

ARTICLE PREMIER.

CAUSES DE CONSERVATION.

Les *alimens* tiennent le premier rang parmi les causes de conservation du cheval dans l'état de santé ; les autres causes de conservation sont la *température*, les *saisons*, les *climats*, les *localités* et les *habitations*.

§ Ier. *De la température.*

L'*air atmosphérique* est indispensable à la vie. De sa combinaison avec le *calorique* et l'*eau*, résultent différentes températures, qui ont toutes une influence spéciale.

L'air sec et d'une chaleur modérée excite l'appétit, et fait jouir la santé de tout son développement.

L'air humide et chaud est malsain, l'appétit diminue, les fonctions de la digestion et de la circulation sont ralenties, la peau absorbe trop facilement l'humidité extérieure.

L'air froid et sec a les plus heureux résultats : il rend la digestion active, excite la gaité et le besoin de mouvement.

L'air froid et humide est la température la plus défavorable, d'où naissent les rhumatismes, catarrhes, fluxions, par l'interruption des fonctions de la peau.

L'air excessivement chaud occasionne des déperditions considérables et affaiblit beaucoup.

L'air excessivement froid suspend l'exercice des fonctions.

La transition trop subite d'une température à une autre est toujours fâcheuse, mais la plus dangereuse est celle du chaud **au** froid.

§ II. *Des saisons.*

La différence des saisons est plus marquée dans le nord que dans le midi.

Dans les climats tempérés , comme en France , le *printemps* détermine les changemens les plus remarquables. Les animaux perdent le poil d'hiver , cherchent à se reproduire , et éprouvent un travail intérieur favorable à ceux qui ont la force de le supporter , mais qui fait succomber les vieux et les faibles.

L'*été* agit en raison de la constitution atmosphérique de la température : la plus défavorable est l'humidité.

L'*automne* semble avoir une influence opposée à celle du printemps : pendant cette saison les chevaux prennent le poil d'hiver , sont mous et faibles , suent facilement , et demandent à être ménagés.

L'*hiver*, sec et froid, corrige l'insalubrité d'un automne humide ; l'*hiver*, froid et humide, est extrêmement défavorable.

§ III. *Des climats.*

Climats méridionaux. Les animaux de ces régions sont vifs, remarquables par la sécheresse de leurs formes et la finesse de la peau ; ils mangent peu malgré les déperditions considérables occasionnées par les chaleurs, aussi ont-ils un besoin impérieux de repos.

Climats septentrionaux. Les chevaux sont gros mangeurs, lents et robustes. Dans les pays très-froids le cheval est petit et d'un chétif développement.

Climats tempérés. Ils offrent presque tous les avantages de ceux du midi et du nord, sans en avoir les inconvéniens.

Tous les animaux éprouvent des changemens sensibles, lorsqu'ils sont transplantés d'un climat sous un autre; il y en a même qui restent constamment inférieurs à ce qu'ils étaient dans leur pays natal.

§ IV. *Des localités.*

Les localités sont comme des diminutifs des climats. Elles sont infiniment variées, mais on peut cependant les réduire à trois situations principales, sauf toutefois les différences d'orientation.

1° Les *pays élevés.* L'air est ordinairement pur et très-vif, le sol privé d'humidité, les principes de la vie très-développés; mais on y éprouve toute l'action de la chaleur, des vents et du froid. Ces localités sont contraires aux animaux faibles de poitrine; les arrêts de transpiration y sont fréquens.

2° Les *pays bas.* C'est la présence de l'eau qui dénote en général les lieux bas; pour l'empêcher d'être nuisible, il faut la réunir en masse courante. Les localités sont humides ou sèches, selon leur enfoncement, la nature des terres qui les forment ou les moyens d'écoulement donnés aux eaux.

3° Les *pays de plaine*. Ils occupent la plus grande partie de la terre. Les animaux n'y présentent plus entre eux ces caractères de ressemblance qu'on leur trouve dans les montagnes et dans les endroits bas. C'est dans le milieu des plaines que l'action des saisons et des climats a une influence plus constante.

§ V. *Des habitations ou écuries.*

Une bonne écurie, doit être bâtie dans une exposition salubre, sur un terrain un peu élevé au-dessus du sol, être bien aérée et bien éclairée, exempte d'humidité, et d'une température qui diffère peu de celle du dehors.

D'après les réglemens militaires (17 *août* 1824), les écuries doivent être exposées de manière que, lorsque les chevaux ont la tête au mur, le jour ne leur vienne pas de côté; les baies des fenêtres sont fermées par des croisées garnies d'un double chassis à vitres pour l'hiver, et à canevas pour l'été.

Il est fourni une chaîne à chaque porte, et des anneaux de pansage sont attachés en dehors des écuries.

Il est accordé un mètre courant de mangeoire pour chaque cheval. La mangeoire doit être éloignée de 15 centimètres du mur, et le chevron du bas qui forme le râtelier, de 10 centimètres, afin que la poussière du foin et de la paille puisse tomber à terre.

L'écartement du chevron du haut doit être à 40 centimètres, dans œuvre, du mur contre lequel est appuyé le râtelier. Les mangeoires sont garnies par-devant en forte tôle et supporte aussi des anneaux de pansage.

Les écuries à deux rangs de chevaux, ne peuvent avoir moins de 8,300 m. de large, et moins de 5,500 m. du sol au plancher. Ces dimensions doivent être portées à 5 mètres sous plancher et à 10 mètres de largeur dans œuvre, lorsque les localités le permettent.

Chaque escadron reçoit pour ses écuries, par les soins du génie, les gros ustensiles ci-après :

2 civières,

4 seaux,

2 baquets,

2 augets,

2 vanettes,

2 mesures à avoine,

1 coffre à avoine sur des dés en pierre et muni d'un cadenas,

Barres, billots, d'après la capacité de l'écurie,

1 planche à consigne par écurie ; planchettes pour inscrire le nom des chevaux.

Chaque grenier à foin doit être divisé, autant que faire se peut, par escadron.

Dans tous les quartiers de cavalerie, il doit être établi trois *écuries-infirmeries* séparées : une pour les chevaux attaqués de maladies contagieuses, une pour ceux attaqués de maladies non contagieuses, et une pour les chevaux blessés ou écloppés.

Les fumiers ne doivent jamais être déposés près des portes, ni appuyés au mur des écuries.

Les auges-abreuvoirs sont établies, autant que possible, à raison d'une par 30 chevaux de chaque escadron.

A ces dimensions fixées par les réglemens militaires on doit joindre les observations suivantes.

Chaque cheval devrait avoir 4 mètres de terrain à partir du mur, et l'on devrait laisser 2 mètres 60 centimètres libres derrière lui.

Il faut plus d'un mètre de mangeoire à chaque cheval pour qu'il ne soit pas gêné, et cette dimension doit varier, suivant les armes, de 1 mètre 156 millimètres à 1 mètre 624 millimètres (3 pieds 1/2 à 5 pieds, surtout si l'on peut séparer les chevaux par des barres, au moins par ordinaires.

Les auges en bois sont préférables à celles en pierre; les angles en doivent être arrondis.

Les fuseaux du râtelier doivent être mobiles et séparés de 8 centimètres (3 pouces) à peu près.

Les portes et fenêtres doivent être disposées de manière à favoriser le renouvellement de l'air, surtout dans le bas de l'écurie.

On se sert de bois, de pierre, de brique, ou simplement de terre battue pour établir le sol des écuries, qui ne doit avoir qu'une pente légère pour faciliter l'écoulement des urines.

Le bois, le pavé ou le cailloutage présentent des inconvéniens. Les chevaux y deviennent facilement pinçards, et sont exposés a des glissades dangereuses. L'infiltration de l'urine, à laquelle on ne peut remédier, y entretient l'humidité.

Assainissement et désinfection des écuries.

Les soins de propreté prescrits par le réglement sur le service intérieur ne doivent jamais être négligés.

Si l'écurie est humide, on y remédie en faisant exhausser le sol, en établissant des courans d'air, et en enlevant les matières salpêtrées. De fréquens lavages à grande eau sont encore un bon moyen.

Pour renouveler l'air, on fait des feux clairs ou on brûle de la poudre à canon.

Enfin si l'écurie est infectée de miasmes putrides et contagieux, on emploie les moyens de désinfection connus sous le nom de fumigations de Guyton-Morveau, et mieux encore le chlorure d'oxide de sodium du sieur Labarraque, tel que le procédé en a été décrit au journal militaire du mois de février 1829.

Art. 2.

DES ALIMENS.

On divise les alimens en *alimens solides et alimens liquides*.

Les substances végétales sont les seuls alimens solides propres au cheval. Les meilleures sont celles qui fournissent le plus abondamment la matière mucilagineuse dite *fécule* ou farine.

Les *alimens liquides* forment les boissons.

Les premiers sont divisés en *secs* et *verts,* les seconds en *simples* et *composés*.

§ Ier. *Des alimens secs.*

Les *foins et fourrages secs* sont les plantes qui se récoltent dans les prairies, soit naturelles, soit artificielles, et qui ont perdu par la dessiccation leur eau de végétation.

Le *foin* varie dans sa qualité et dans son espèce, suivant le lieu où il croît.

Les caractères physiques auxquels on reconnaît le bon foin sont :

Couleur verte, ni foncée, ni pâle ; odeur agréable sans être aromatique ; saveur douce et même sucrée ; tiges plutôt fines que grosses, de médiocre longueur, ne se brisant pas trop aisément, et ne résistant pas trop non plus à l'effort de la main.

On fait deux distinctions des mauvais fourrages : 1° Ceux qui sont composés essentiellement de plantes qui ne jouissent pas de propriétés nutritives, comme *roseaux, joncs, prêles, lèches,* etc., ou qui, en se pourrissant facilement, altèrent le fourrage, comme les *bourraches, mauves, menthes,* etc. 2° Ceux qui renferment de bonnes plantes, mais mélangées de végétaux contenant des principes vénéneux, tels que les *renoncules,* les *ciguës.*

Le foin de mauvaise qualité de la première sorte se reconnaît à ses tiges grossières, dures, coriaces et ligneuses. Il a souvent une teinte d'un vert très-foncé, et surtout il n'a point d'odeur ; sa saveur est fade et aqueuse, et ne laisse aucune impression sucrée ni douce.

Le foin de mauvaise qualité de la seconde sorte se distingue à son odeur souvent nauséabonde, et surtout à sa saveur âcre et brûlante.

La coupe, la fenaison et l'engrangement des foins influent beaucoup sur leurs bonnes ou mauvaises qualités.

La coupe doit en avoir été faite immédiatement après le développement de la fleur et avant que les graines se forment.

Il faut rejeter : 1° les foins *vasés*, autrement dits *marés* ou *marnés*, c'est-à-dire couverts de la vase ou limon que les inondations ont amené dans les prairies ; 2° ceux *poudreux*, surtout quand c'est par suite de la décomposition de la plante qui donne au foin un goût et une odeur de moisi ; 5° ceux *rouillés*, c'est-à-dire ceux tachés de petites marques noires, ce qui arrive ordinairement dans les années pluvieuses.

Le foin nouveau ne peut, sans inconvénient, être administré avant six semaines ou deux mois de récolte.

Le foin trop vieux, c'est-à-dire qui a plus de vingt mois ou deux ans de récolte, a nonseulement perdu ses qualités alimentaires, mais a le plus souvent contracté une odeur de renfermé ou de moisi.

C'est le vieux foin et celui qui a été plus ou moins avarié, qu'on désigne sous un bottelage nouveau dans les magasins, et qui portent le nom de *foins remaniés*.

Le fourrage des prairies artificielles comprend particulièrement la *luzerne*, le *trèfle* et le *sainfoin*. Ces plantes fournissent des sucs nutritifs et abondans, et quand elles sont bien récoltées et bien administrées, leur usage ne peut produire d'inconvéniens que ceux qui suivent un changement trop brusque de régime.

La meilleure *paille* est celle de froment. Vient ensuite la paille d'orge, puis celle de seigle, et enfin celle d'avoine. Les caractères de la bonne paille sont d'être d'un blanc jaunâtre, plutôt fine que grosse, médiocrement grande, d'une saveur douce, sans odeur, si ce n'est celle des plantes qui végètent à sa base et qui la rendent *fourrageuse.*

Les mauvaises pailles sont celles qui ont été versées, qui ont fermenté, qui sont rouillées ou détériorées par les rats et les souris. La paille du *blé barbu* peut offenser le palais des chevaux par les barbes de ses épis.

Il n'y a pas d'inconvénient à employer la paille nouvelle, ni la vieille quand elle est bien conservée et sans mauvaise odeur.

Les *grains* sont la partie des végétaux qui contient le plus de suc nutritif, qu'on nomme *farine.*

Le *son* n'est un bon aliment que par la quantité de farine qu'il renferme ; sans cette condition, il est indigeste et malfaisant. Il ne doit pas non plus être fermenté ou échauffé.

Parmi les grains, *l'avoine* dans les pays septentrionaux, et *l'orge* dans les méridionaux, sont spécialement affectés à la nourriture du cheval.

Il y a plusieurs variétés *d'avoine.* De quelque espèce qu'elle soit, celle d'hiver est préférable à celle de printemps.

La *bonne avoine* est pesante, sèche, sans odeur, glisse facilement entre les doigts ;

elle ne doit point être mélangée de gravier, terre, plâtras, mauvaises graines, etc., être humide, avoir un goût de moisi, surnager dans l'eau.

L'avoine nouvelle ne doit être donnée que lorsqu'elle a subi la dessiccation ; la vieille avoine perd plus ou moins de ses qualités.

L'orge nourrit et rafraîchit en même temps. Elle demande certaines précautions pour être donnée aux chevaux. En vieillissant elle devient dure à broyer. Son mélange avec l'avoine paraît peu profitable.

Les autres grains qu'on peut encore donner au cheval, mais avec précaution, sont le *seigle*, le *blé* et le *maïs*.

On peut aussi faire usage de la *féverole* ou *fève de cheval*, de *sarrazin* ou *blé noir*, des *pois, vesces, bisailles, dragées*, etc., mais comme ressources locales et momentanées.

§ II. *Des alimens verts.*

Les alimens verts comprennent les mêmes plantes en partie qui se mangent en fourrages secs, mais avant leur dessiccation. La meilleure de toutes est l'*orge carrée* ou *escourgeon*, nommée encore *sucrillon*.

La *luzerne*, le *trèfle* et le *sainfoin* sont aussi d'un très-bon usage, mais il faut toujours les couper assez à l'avance pour les faire manger exempts d'humidité.

Plusieurs racines, telles que *carottes*, *panais*, *betteraves*, offrent aussi des ressources en vert. Enfin la nécessité force quelquefois d'employer jusqu'aux jeunes pousses d'acacia, de vigne, d'olivier, etc.

§ III. *Des alimens auxquels on peut avoir recours en cas de disette.*

La *drèche*, résidu des grains employés à faire la bière.

L'*ajonc* ou *genêt épineux*, dont il faut abattre les épines à la meule ou au marteau.

La *gousse du caroubier*, espèce d'acacia.

La *graine de lin*, de *riz*, la *racine du gazon* bien lavée.

Enfin, dans des besoins extrêmes, on a employé jusqu'à des madriers réduits en copeaux, et même de la terre glaise mêlée à des restes d'alimens ; mais dans ce dernier cas on ne cherchait qu'à tromper la faim et à occuper l'activité de l'estomac.

Quant aux préparations ou amalgames de substances auxquelles l'ignorance ou la cupidité ont voulu quelquefois attribuer une vertu nutritive extraordinaire, le bon sens, d'accord avec l'expérience, a toujours démontré le charlatanisme de ces prétendus secrets.

§ IV. *Des alimens liquides.*

Les *boissons simples* comprennent seulement l'*eau pure.*

La *bonne eau* est claire, limpide, sans odeur ni saveur, et d'une température modérée. Elle dissout facilement le savon et cuit bien les légumes. L'eau des grandes rivières réunit ordinairement ces qualités ; l'eau de pluie qui n'a pas séjourné long-temps dans les citernes est aussi très-saine.

La *mauvaise eau* est celle qui est froide et d'un goût désagréable ; celle qui tient en dissolution des débris de végétaux ou d'animaux, comme l'eau des mares et des étangs ; celle qui contient du gypse ou plâtre, comme l'eau de certains puits, ou des sels métalliques, gaz, acides, qui peuvent en rendre l'usage dangereux. L'eau des rivières encaissées et qui coulent à l'ombre, est ordinairement malsaine.

Pour rendre potable une eau qui ne l'est pas, on peut :

1° Si elle est *trop froide,* la laisser exposée au soleil, y jeter un fer rougi au feu, un tison allumé, la battre avec la main ou une poignée de paille ou de foin, et y délayer du son ou de la farine ;

2° Si elle est *trouble, bourbeuse* et de *mauvais goût,* la filtrer à travers le sable

et le charbon pilé, et y joindre quelques acides, du sel, du vinaigre.

Les *boissons composées* comprennent
l'eau ordinaire, mélangée à d'autres substances, soit comme nourriture, soit comme
médicament.

ART. 3.

DE LA RATION DES CHEVAUX ET DE LA MANIÈRE DE LES NOURRIR.

On nomme *ration* la quantité des alimens
secs ou verts assignés par les réglemens militaires pour la consommation d'un cheval
pendant vingt-quatre heures. La composition, la distribution et la consommation des
rations, présentent des différences entre la
nourriture au sec et la *nourriture au vert,*
et demandent de la part du cavalier une attention particulière.

§ Ier. *Nourriture au sec.*

Le foin, la paille de froment et l'avoine
constituent, en France, la ration des chevaux de cavalerie. Le tarif de 1818, modifié
en 1826, en établit ainsi la composition.

DÉSIGNATION DES ARMES.	COMPOSITION DES RATIONS POUR TOUTE L'ANNÉE,			OBSERVATIONS.
	SUR LE PIED			
	de paix et de rassemblement.	de guerre.	En route.	
Cuirassiers, Carabiniers. . .	Foin, 5 kil. Paille, 5 id. Avoine, 3 id, 6.	Foin, 7 kil. Paille, 4 id. Avoine, 3 id, 8.	Foin, 6 kil. Paille, 3 id. Avoine, 3 id, 8.	
Dragons, Artillerie à cheval.	Foin, 4 kil. Paile, 5 id. Avoine, 3 id, 4.	Foin, 6 kil. Paille, 4 id. Avoine, 3 id, 8	Foin, 5 kil. Paille, 3 id. Avoine, 3 id, 8.	
Chasseurs, Hussards, chevaux de selle, des trains, etc. .	Foin, 4 kil. Paille, 5 id. Avoine, 3 id.	Foin, 5 kil. Paille, 4 id. Avoine, 1 id, 7.	Foin, 5 kil. Paille, 3 id. Avoine, 3 id, 8.	
Trains d'artillerie, Equipages militaires, etc.	Foin, 6 kil. Paille, 5 id. Avoine, 3 id, 8.	Foin, 7 kil. Paille, 4 id. Avoine, 4 id.	Foin, 5 kil. Paille, 3 id. Avoine, 4 id.	
Mulets, quelle que soit l'arm.	Foin, 4 kil. Paille, 5 id. Avoine, 3 id.	Foin, 6 kil. Paille, 4 id. Avoine, 3 id, 8.	Foin, 5 kil. Paille, 3 id. Avoine, 3 id, 8.	

Les bottes de foin, de paille, au-dessous de 6 kilogrammes, ne peuvent avoir plus de deux liens, et celles de 6 kilogrammes et au-dessus, plus de trois. Si les liens sont de même nature et de même qualité que la denrée distribuée, ils entrent dans le poids de la ration ; s'ils sont de denrées impropres au service, ils sont défalqués en totalité. Si les liens des bottes de foin sont en paille de froment, le poids de chacun, qui ne doit pas excéder 125 gros, entre pour moitié dans le poids de la ration.

Lorsque l'avoine ou le son (s'il y a lieu d'en donner en remplacement d'avoine) sont distribués au poids, la ration est distribuée ainsi qu'il suit :

7 lit.	d'avoine ou	14 lit. de son,	3 k. 0 h.	
7 — 1/2	—	15	—	3 — 2 —
8 —	—	16	—	3 — 4 —
8 — 1/2	—	17	—	3 — 6 —
9 —	—	18	—	3 — 8 —
10 —	—	20	—	4 — 0 —

Des substitutions. Elles sont de deux sortes : ou elles ont lieu de l'une des denrées ordinaires à l'autre, ou elles s'opèrent avec des substances inusitées.

Dans le premier cas, on délivre, en remplacement de foin, une quantité double de paille, et *vice versâ*. L'avoine est remplacée: 1° par une quantité double de foin et quadruple de paille, et *vice versâ* ; 2° par du son, suivant le tarif ci-dessus, ou par de la farine brute d'orge, à raison de 75 pour 0/0 du poids de l'avoine.

Le foin nouveau ne peut être admis que pour les 5/6.

Dans le second cas, la luzerne et le sainfoin peuvent remplacer le foin. Le trèfle ne peut jamais entrer que pour 1/4 ou 1/3 au plus dans le mélange avec d'autres fourrages. On ne doit jamais le distribuer seul.

L'avoine peut être remplacée par l'orge, vesce, bisaille, maïs, épeautre, seigle, féveroles, fèves et pois, mais jamais à plus de moitié ni administrés séparément.

Les fenugrec, sarrasin, chenevis, froment, ne doivent être admis que dans la proportion de 1/6.

Ce n'est qu'en raison des circonstances ou des localités, de la pénurie des denrées et de la santé des chevaux, que les substitutions peuvent être ordonnées. Elles sont toujours annoncées par la voix de l'ordre, qui indique la nature et la composition de la ration substituée.

Des distributions, contestations. Les fourrages sont distribués tous les deux jours ou tous les quatre jours, suivant les convenances du service. En route, les distributions ont lieu, dans le gîte où la troupe doit coucher, pour le jour de l'arrivée, ou pour deux jours lorsque la troupe doit séjourner.

Les distributions se font par les soins et la direction des officiers, sous-officiers et bri-

gadiers de semaine, et spécialement du four-
rier, de la manière et dans l'ordre indiqués
au Titre II. du Manuel.

Le jour de la distribution, l'officier de visite examine les rations préparées pour être
distribuées, à l'effet de s'assurer de leur
bonne qualité ; il peut en requérir la pesée,
et doit énoncer son opinion sur le *registre
de visite des denrées en distribution*, par
l'inscription des mots *bonne* ou *non rece-
vable*.

Une fois les rations de fourrages sorties des
magasins, elles ne peuvent y être rapportées
pour être échangées, et aucune plainte n'est
admise, tant sous le rapport de la qualité
que sous celui de la pesée ou du mesurage,
après leur sortie des magasins.

En cas de contestations, l'intendant militaire fait procéder à une expertise et décide
définitivement.

De la consommation. Elle comprend la
distribution, à chaque cheval, de la portion
d'alimens qui lui revient.

Les *ordinaires* sont communément for-
més de trois chevaux, et les rations doivent
en station fournir à trois repas, savoir :

Au *déjeuner*, foin, avoine et paille ;

Au *dîner*, mêmes alimens ;

Au *souper*, foin et paille seulement.

De manière qu'en donnant une ration de
foin et une ration de paille pour chacun des
trois repas, et une ration et demie d'avoine

au déjeûner et au dîner, chaque ordinaire a consommé les trois rations complètes qui lui reviennent par jour.

En marche, le foin et l'avoine sont augmentés, et la paille réduite à peu près à ce qu'il faut pour la litière. La répartition des alimens dans les repas est nécessairement subordonnée aux heures de l'arrivée. Voici ce qui a lieu le plus habituellement.

Aussitôt les distributions reçues, le tiers de la ration de foin est donné aux chevaux. Aussitôt après le pansage, on leur donne la moitié de la ration d'avoine; après l'appel du soir, le second tiers de la ration de foin et la portion de la ration de paille qui n'est pas employée à la litière. Le reste du foin et de l'avoine est consommé au déjeûner du lendemain.

En été, lorsqu'on arrive de bonne heure au gîte, le réglement prescrit de conserver un quart de la ration d'avoine pour la faire manger aux chevaux quelque temps après l'arrivée.

A ce résumé des habitudes régimentaires pour la nourriture au sec des chevaux, nous ajouterons quelques principes généraux et quelques précautions à prendre dans les cas extraordinaires.

La consommation ne devrait jamais être faite immédiatement avant de commencer le travail; c'est exposer l'animal à des coliques ou à des indigestions, surtout si les allures doivent être vives.

Les alimens nouvellement récoltés provoquent la voracité du cheval, il est bon de prendre les précautions suivantes pour les employer.

On mélange le foin nouveau avec la paille, afin que les chevaux, occupés à le choisir, soient forcés de le manger lentement. En route, au lieu d'étendre le foin dans le râtelier, on serre les bottes avec des cordes, pour que le fourrage ne soit pris qu'en petite quantité à la fois. Dans toutes ces circonstances, comme aussi quand le fourrage est vieux, c'est une bonne précaution de le mouiller légèrement avec de l'eau salée.

Quand l'avoine est nouvelle, on doit en administrer la ration à plusieurs reprises, ou bien en remplacer la moitié par de l'orge ou du seigle, qu'on donne séparément.

Lorsqu'on est obligé de faire consommer les céréales sur pied, on ne doit donner les épis qu'avec ménagement, autrement il pourrait en résulter de fréquentes fourbures. Il faut aussi s'opposer à la funeste habitude qu'ont presque tous les cavaliers en campagne, de prodiguer le grain à leurs chevaux chaque fois qu'ils en trouvent l'occasion.

Dans les pays où l'orge et la paille composent la ration, il faut avoir attention, en commençant ce nouveau régime, de mêler avec la paille hachée une certaine quantité d'orge, et de mettre un certain intervalle pour donner de l'orge pure aux chevaux après les avoir fait boire.

Enfin lorsque les ressources d'un pays nécessitent l'emploi d'alimens inusités, il faut s'assurer des habitudes locales et s'y conformer avec toutes les attentions qu'exige la transition subite d'un régime à un autre.

§ II. *Nourriture au vert.*

Le ministre de la guerre détermine, chaque année, l'époque où les chevaux de cavalerie doivent être mis au vert. L'effet de ce régime est de relâcher les tissus, d'augmenter les sécrétions, d'assouplir la peau et de favoriser l'engraissement. Il convient aux chevaux au-dessous de sept ans, quand ils sont maigres, échauffés par la nourriture sèche, arrêtés dans leurs développemens ; aux chevaux affaiblis par des maladies inflammatoires, atteints de blessures ou claudications graves, ou qui ont eu le feu. Le vert est contre indiqué toutes les fois que les chevaux se trouvent bien du sec, ou quand ils sont vieux, lymphatiques, corneurs, sujets au flux, aux crevasses, etc.

On reconnaît que le vert opère bien, lorsque l'espèce de purgation qu'il provoque cesse au bout de sept à huit jours, que le poil devient beau, et que l'embonpoint commence à reparaître. Dans ce cas, le régime du vert dure ordinairement de trente à quarante jours.

Si, au lieu de reprendre, l'animal dépérit, reste dévoyé et se dégoûte, il faut le remettre au sec.

Il ne faut saigner les chevaux mis au vert qu'autant que des signes maladifs en indiquent la nécessité ; ce que le vétérinaire doit seul apprécier.

Lorsqu'on retire les chevaux du vert, on doit leur faire reprendre progressivement l'habitude des travaux pénibles , quelque vigueur qu'ils paraissent avoir acquise par le régime du vert.

On donne le vert de trois manières ; 1° à l'écurie ; 2° en liberté ; 3° sous des hangars dans les prairies.

1° *Vert à l'écurie.*

La ration de vert pour les chevaux de toutes armes, fixée par les réglemens militaires, est de 40 kilogrammes d'herbe fraîche, qui doivent être livrés tous les matins.

Le vert doit être conservé à l'abri du soleil ou de la pluie et sans être amoncelé : il faut avoir l'attention que le râtelier en soit toujours garni, mais n'en donner que peu à la fois, parce que les chevaux se dégoûtent de l'herbe échauffée par leur haleine. Quand ils ont été habitués progressivement à cette nourriture, il n'y a aucun danger ;

leur en donner autant qu'ils peuvent en consommer.

En commençant le régime du vert et quelque temps avant de le cesser, il est bon de donner un peu d'avoine aux chevaux, afin d'éviter une transition trop brusque d'un genre d'aliment à un autre.

Pendant que les chevaux prennent le vert à l'écurie, les deux pansages par jour sont plus nécessaires que jamais, ainsi qu'une promenade journalière.

2° *Vert en liberté.*

Cette manière de faire prendre le vert aux chevaux a l'avantage d'être plus conforme au vœu de la nature ; l'animal choisit les plantes, en mange autant qu'il veut et prend constamment de l'exercice. Ce régime peut même quelquefois remédier à la perte de quelques aplombs.

Par contre, le cheval est exposé aux injures de l'air ; l'extrême fraîcheur des nuits peut lui être nuisible ; les insectes le tourmentent.

Tous les pays ne sont pas propres à faire prendre le vert en liberté. C'est ordinairement dans les mois de mai et de juin qu'on le donne ainsi.

Les prairies doivent être choisies dans un rayon d'un myriamètre et demi de la garnison, et à portée d'eaux salubres. Il faut qu'elles ne soient ni hautes ni basses, qu'il y ait peu de mauvaises plantes, et qu'on y rencontre même quelques arbres pour donner de l'ombre aux chevaux. Les réglemens veulent que la portion de pré à livrer au pacage soit déterminée selon le nombre de chevaux et l'abondance de l'herbe, et limitée par des cordes tendues sur des piquets que l'on déplace chaque jour pour ouvrir un nouveau champ de pacage.

Cette manière de prendre le vert ne convient ni aux chevaux de race qui s'y trouveraient exposés à trop d'accidens, ni à ceux d'une taille très-élevée.

3° *Vert sous les hangards.*

Pour réunir les avantages du vert à l'écurie et du vert en liberté, on établit dans les prairies des hangars avec des râteliers où l'on dépose l'herbe, en laissant toutefois le cheval libre.

Quoiqu'il puisse se mettre à l'abri sous les hangars, il est encore mieux de le rentrer à l'écurie pendant les nuits pluvieuses.

Cette méthode est très-avantageuse ; mais les soins qu'elle exige ne sont pas praticables en toutes circonstances.

ART. 4.

DES SOINS DE PROPRETÉ ET D'ENTRETIEN.

§ Ier. *Du pansage.*

Il a pour but d'entretenir la propreté du cheval; surtout celle de la peau, en la débarrassant de la crasse que la transpiration y amasse continuellement.

Les ustensiles de pansage sont :
L'étrille,
La brosse,
Le bouchon,
L'époussette,
Le peigne,
L'éponge,
Le cure-pied, objet essentiel dont le cavalier devrait toujours être pourvu , pour dégager le pied des corps étrangers qui se glissent si fréquemment entre le fer et la sole.

L'usage de ces divers ustensiles est suffisamment connu; on fera remarquer seulement qu'une poignée de foin humide vaut mieux pour nétoyer la peau , que le bouchon de paille qu'on est dans l'habitude d'employer.

§ II. *Des bains.*

On doit les regarder comme le complément des soins de propreté. Bienfaisans en été , ils ne conviennent en hiver qu'aux chevaux qui en ont contracté l'habitude. Lorsqu'il fait froid les bains donnent aux chevaux un poil épais, long et peu brillant. En tout temps les bains peuvent altérer la corne ; ce qu'on prévient en frottant l'ongle avec de l'onguent de pied, du suif ou autres corps gras.

Les bains d'eau froide et surtout les bains de mer, employés seulement pour les extrémités, diminuent les engorgemens, et sont un moyen palliatif de l'usure.

§ III. *De la manière de seller et de brider.*

Les soins que le cavalier doit prendre pour seller et brider, sont prescrits par l'Ordonnance. On ne saurait trop s'y attacher, car la moindre négligence peut priver un corps en marche d'une partie de ses chevaux, en occasionnant des blessures souvent très-graves.

Toutes les pièces du harnachement doivent être proportionnées aux parties sur lesquelles elles portent. Le point essentiel, c'est que toute compression soit égale et le plus étendue possible. (1)

----

(1) Voici ce que prescrit à cet égard l'ordonnance de cavalerie du 6 décembre 1829, titre 1er. article 6.

Manière d'ajuster une selle.

GROSSE CAVALERIE ET DRAGONS.

La selle doit être placée sur le dos du cheval, sans

Le crin est la meilleure matière à employer pour rembourrer les panneaux de la selle. Les blessures qu'ils peuvent occasion-

couverte, afin de bien voir si sa forme se rapporte à celle du dos du cheval.

Pour que la selle soit bien placée, il faut que la pointe de l'arçon soit à trois doigts en arrière de la pointe de l'épaule ; que les longes laissent assez de liberté au garrot et au rognon, pour qu'on puisse passer aisément la main entre ces parties et la selle, le cavalier étant à cheval ; que la partie antérieure des longes soit assez large pour que les mamelles ne serrent pas le garrot sur les côtés, que les panneaux portent bien également de toutes parts sans toucher la colonne vertébrale, et que les pointes de l'arçon ne portent pas. Le poitrail doit être placé au-dessus de la pointe des épaules pour n'en pas gêner les mouvemens, et la croupière ne doit pas être tendue, pour ne pas blesser le cheval sous la queue, ou le faire ruer.

CAVALERIE LÉGÈRE.

La selle doit être placée sur le dos du cheval, sans couverte, afin de bien voir si sa forme se rapporte à celle du dos du cheval.

Pour que la selle soit bien placée, il faut que la pointe antérieure de la bande soit à trois doigts en arrière de la pointe de l'épaule ; que les arcades laissent assez de liberté au garrot et au rognon, pour pouvoir passer le poing sous l'arcade postérieure et presque autant sous l'antérieure, le cavalier étant à cheval ; que les extrémités des bandes ne portent pas, et que l'on puisse passer le doigt dessous ; que le reste des bandes porte bien à plat, de manière à pouvoir cependant passer le doigt entre le rebord supérieur et le dos du cheval, et qu'elles soient au moins à deux travers de doigt de la colonne vertébrale. Le poitrail doit être

ner, et qui sont plus dangereuses lorsqu'elles
approchent de la ligne des vertèbres, tiennent, soit à la mauvaise confection de la selle,
soit au défaut de précaution en sellant, soit
à la position plus ou moins fixe et régulière
du cavalier, soit enfin à l'oubli des soins à
prendre en dessellant après le travail.

On veillera à ce que la bride n'offense
point les barres, les lèvres surtout à leur
commissure, le menton et la nuque; à ce
que la croupière ne soit pas trop tendue;
enfin, à ce que les sangles ne se durcissent
pas au point de blesser les chevaux sous le
ventre.

La couverture qu'on place sous les panneaux, doit être dans un état habituel de
propreté.

---

placé au-dessus de la pointe des épaules pour n'en pas
gêner les mouvemens. Le cœur en cuivre doit se trouver dans le milieu du poitrail, et la croupière ne doit
pas être tendue pour ne pas blesser le cheval sous la
queue, ou le faire ruer.

Pour monter les étriers à la selle, il faut engager
l'étrivière dans l'œil de l'étrier, la faire entrer dans le
passant, et tirer dessus jusqu'à ce que le passant touche
l'œil de l'étrier; tenant ensuite l'étrivière de manière
que la boucle soit tournée vers le cheval, la passer dans
la mortaise ou la chappe-porte-étrivière de la selle,
en l'engageant par-dessus, et la tirant en dessous : la
fixer à la longueur convenable, par le moyen de la
boucle, l'engager dans le passant qui se trouve en dessous de la boucle, et l'y faire repasser deux fois.

L'étrier ainsi ajusté et pendant naturellement, la
boucle de l'étrivière doit se trouver en dedans du côté
du cheval.

ART. 5.

DE LA FERRURE.

L'objet de la ferrure est de garantir la corne, d'assurer la vitesse et la sécurité de la marche, et de pallier les suites de l'usure des membres. Elle offre de plus une multitude de ressources à la chirurgie vétérinaire.

§ Ier. *Description du fer et des clous.*

On distingue dans un fer :

1° *Deux faces;* l'une supérieure l'autre inférieure.

2° *Deux bords* ou *rives;* l'une interne, l'autre externe.

3° La *pince* qui répond à la même partie du sabot; on appelle *voûte* la partie correspondante de la rive interne.

4° Les *branches*, qui s'étendent de la pince et de la voûte jusqu'aux éponges.

5° Les *éponges*, qui terminent les branches et abritent les talons.

6° Les *étampures*, ou trous pratiqués pour recevoir les clous.

7° Les *crampons*, éminences en forme de crochets pratiqués à l'extrémité des éponges pour empêcher le cheval de glisser.

8° Les *pinçons*, espèces de griffes qui se lèvent sur l'épaisseur du fer, à la pince des pieds postérieurs; ils servent à assurer le fer.

9° L'*ajusture*, espèce de concavité qu'on donne à la face supérieure du fer pour qu'elle ne porte pas sur le sol, et pour faciliter l'appui du pied sur le terrain.

Le fer doit être proportionné au pied et suivre sa forme particulière. Le fer d'un pied de devant est arrondi et porte des étampures en pince. Celui d'un pied de derrière a la pince plus étroite, sans étampures, et munie d'un pinçon. Dans toute espèce de fer, les étampures sont plus *maigres*, c'est-à-dire plus près du bord, à la branche interne qu'à l'externe.

Les *clous* servent à fixer le fer sur la corne.

On distingue dans un clou la *tête*, la *lame* et la *pointe*.

Les proportions des clous sont relatives à celles du fer, et particulièrement à l'étendue des étampures. La tête doit s'y loger en partie, et la lame en remplir le fond.

Les lames ne doivent pas être trop déliées et l'on doit rejeter tous les clous pailleux **ou** fendus.

Les *clous à glace* offrent une tête longue et pointue.

§ II. *Nomenclature des différens fers. (Voir la planche IX pour cette nomenclature.)*

§ III. *Manière de ferrer.*

Parer le pied ; c'est abattre la corne inutile avec le boutoir.

Brocher les clous ; c'est les enfoncer dans la paroi avec le brochoir.

Les *river ;* c'est les courber et les couper à leur sortie de la paroi, en sorte qu'ils y soient fixés solidement par le rivet ou crochet qui en résulte.

Les règles générales pour bien ferrer, sont :

1° D'enlever le vieux fer avec précaution ;

2° De parer le pied uniment, de manière que l'aplomb ne soit jamais faussé ; on doit aussi ménager la fourchette et ne pas trop évider les talons ;

3° De forger le fer avec une ajusture convenable, de manière qu'il prenne bien le contour de la corne, sans déborder en dedans, ni trop garnir en dehors ;

4° De laisser le moins possible le fer chaud sur la corne : cette opération ne doit servir qu'à s'assurer que le fer porte également partout ;

5° D'avoir des clous *ajustés* d'avance, c'est-à-dire redressés et affilés, et ayant à leur pointe une légère direction courbe qui les prépare à sortir du pied plutôt qu'à y pénétrer ;

6° De placer les fers bien droits, et de ne brocher ni trop haut ni trop bas ;

7° De ne pas enlever, avec la râpe ou tout autre instrument, le gluten de la corne : on se contente de passer la râpe à l'endroit de la jonction du fer à la paroi.

Tous les fers ne s'usant pas toujours invariablement dans un même laps de temps, c'est principalement sur la longueur de la corne qu'il faut se guider pour renouveler la ferrure. Si le fer est encore bon, on le replace après avoir paré la corne inutile, ce qu'on nomme *un rassis*.

On devrait toujours relever ou ferrer à neuf les quatre pieds à la fois, afin que le cheval reste dans son aplomb. Ces opérations doivent au moins avoir lieu pour les deux pieds antérieurs ou les deux postérieurs en même temps.

§ IV. *Ferrure des pieds défectueux.*

La ferrure peut varier par quatre causes principales :
1° Par défaut de porportions ;
2° Par la direction de la corne ;
3° Par la qualité de la corne ;
4° Par la direction des membres.

1° *Défaut de porportions.*

Pieds trop grands ou volumineux. Parer avec ménagement, diminuer un peu la circonférence. — Fer ordinaire, léger, étampé *maigre*, garnissant très-peu en dehors et très-juste en dedans.

Pieds larges ou *évasés.* Parer très-peu la sole, la fourchette et les points d'appui. —

Fer mince, couvert et étampé *maigre*, fixé avec des clous à lames déliées.

Pieds très-petits. Abattre la paroi, mais ménager la sole, la fourchette et les arcs-boutans. — Fer ordinaire, presque sans ajusture, garnissant suffisamment, excepté du côté interne. — Graisser souvent la corne, et tenir le pied à l'action de l'humidité.

Pieds trop longs en pince. Retrancher beaucoup de la pince et peu des talons.—Fer ordinaire qui relève un peu en pince, très-juste à cette partie, et garnissant un peu aux talons.

Pieds trop courts en pince. Parer beaucoup les quartiers, les talons et la fourchette, mais peu la pince. — Fer ordinaire, avec éponges amincies et courtes, et pince un peu alongée.

Pieds à talons trop hauts. Parer beaucoup les talons. — Fer garnissant un peu en pince et étampé vers les talons.

Pieds à talons trop bas. Parer la pince, légèrement les quartiers, ne pas toucher aux talons. — Fer étampé vers la pince, qu'on tient un peu courte.

Pieds encastelés et à talons serrés. Parer à plat les quartiers et les talons, ne toucher ni à la fourchette ni aux arcs-boutans. — Fer à éponges tronquées, et, si le cheval doit marcher sur le pavé, à éponges réunies. — Graisser souvent le sabot.

2° *Mauvaise direction de la corne.*

Pieds pinçards ou *rampins*. Parer beaucoup les quartiers, les talons et la fourchette ; ménager la pince. — Fer à pince épaisse et prolongée, dont les éponges soient minces.

Pieds plats ou *combles.* Diminuer la circonférence, en ménageant la sole et les talons. — Fer couvert, avec beaucoup d'ajusture, et à éponges réunies si les talons sont bas et faibles.

Pieds panards. Abattre le côté externe plus que l'autre. — Fer ordinaire. Si le défaut est très-grand, fer à bosse interne.

Pieds cagneux. Employer les moyens contraires.

3° *Mauvaise qualité de la corne.*

Pieds gras ou *mous.* Parer peu et également. — Fer léger, un peu couvert, fixé par des clous à lame peu forte.

Pieds secs ou *maigres.* (voir *pieds trop petits.*)

Pieds dérobés. Retrancher la mauvaise corne, en parant également le bord inférieur de la muraille. — Fer étampé dans les endroits où la corne peut supporter les clous, qui doivent être longs et déliés.

Pieds à fourchette grasse ou *motte.* Tenir le pied très-propre, y faire de fréquentes lotions dessiccatives, et ferrer comme il est dit pour les pieds gras ou mous.

Pieds à fourchette maigre ou sèche. Ce défaut, ordinaire aux pieds encastelés ou à talons serrés, demande le même soin que ceux-ci.

4° *Mauvaise direction des membres.*

Chevaux droits-jointés, brassicourts, arqués ou *boutés.* Voir ci-dessus *talons trop bas.*

Chevaux long-jointés. Voir également *talons bas.*

Cheval qui se couche en vache. Parer le pied également, excepté au talon interne qu'on laisse un peu plus haut que l'autre. — Fer dont l'éponge interne soit raccourcie et l'extrémité incrustée dans le talon.

Cheval qui se coupe. Tenir le côté interne du fer très-juste. Si le défaut est grave, diminuer la largeur de la branche, l'arrondir et n'y pas pratiquer d'étampures.

Cheval qui forge. Abattre beaucoup des talons des pieds antérieurs et de la pince des pieds postérieurs. — Fer à éponges tronquées ou à lunettes pour le devant, et fer à pinces tronquées pour le derrière.

Remarque essentielle. Lorsqu'on veut remédier par la ferrure aux défauts de direction des membres, il faut agir progressivement, et ne pas prétendre obtenir des résultats complets dès la première ferrure.

Art. 6.

DU TRAVAIL ET DU REPOS.

Les soins divers par lesquels on maintient le cheval dans un état de santé qui le rende capable d'un bon service, constituent ce qu'on appèle le *régime*. Parmi ces soins, la juste manière de répartir le travail et le repos est des plus importantes.

Du *travail*. On entend par *travail* le degré de fatigue qu'un cheval peut supporter sans inconvénient.

Le travail modéré est simplement un *exercice*. L'exercice est indispensable à la vie ; il favorise la circulation et l'action régulière de toutes les fonctions.

Un travail excessif use les forces et nuit à la santé de l'animal.

Du *repos*. Il répare les forces, facilite la digestion et prépare les organes à soutenir de nouveaux efforts. Le sommeil est indispensable pour donner au repos tous les bons effets qu'il doit produire. Cependant on a remarqué que le cheval a moins besoin de sommeil que les autres animaux.

L'excès du repos est des plus nuisibles; il ruine le cheval autant que l'excès du travail, et l'expose à beaucoup d'affections maladives.

Le *travail* et le *repos* doivent être considérés, pour le cheval de troupe, d'après les diverses situations dans lesquelles il peut se trouver placé. Toutes ces situations se rapportent à l'état de paix ou à l'état de guerre.

De l'état de paix.

Les chevaux, en garnison, nourris convenablement, peuvent et doivent travailler au moins deux heures par jour; ce qui n'est pour eux qu'un simple exercice. Il est aussi nécessaire de leur faire faire de fréquentes marches militaires, avec armes et bagages, pour les habituer aux fatigues, les tenir constamment en haleine, et avoir occasion de rectifier à propos les parties du harnachement susceptibles de causer des blessures.

En route, on devrait de temps en temps marcher au trot, en faisant observer une distance à chaque peloton. Cette allure fait que le cheval reste moins long-temps en marche, et force le cavalier à assurer sa position, qu'il néglige trop souvent à l'allure du pas.

Les marches de nuit pendant les chaleurs sont loin d'être préférables aux marches de jour. La nuit, les cavaliers s'abandonnent et s'endorment sur leurs chevaux ; ces derniers, pour assurer leur marche, sont contraints à une attention constante ; ensuite lorsqu'on s'arrête le jour pour leur donner leur nourriture, la chaleur accablante des écuries, le bruit extérieur et les insectes les empêchent de manger et de se reposer.

De l'état de campagne.

En temps de guerre, il faut se rapprocher, autant que possible, des précautions que l'on prenait en temps de paix ; quand on est obligé de négliger quelques soins, c'est une raison de plus d'avoir tous ceux qui sont praticables.

Toutes les fois qu'on peut abriter les chevaux, il faut le faire : dans le cas contraire, on doit tâcher de concilier la sûreté du campement avec la nature du sol, profiter des accidents de terrain qui peuvent garantir des courants d'air, s'assurer de la proximité et de la qualité de l'eau. Il faut, lorsqu'on le peut, faire une bonne litière, desseller et frictionner le dos avec une poignée de paille pour y maintenir la circulation. Sous quelque latitude qu'on se trouve, on ne perdra pas de vue que la nuit est le moment le plus favorable au repos.

Les soins que Bourgelat prescrit pour le

cheva en voyage , conviennent parfaitement au cheval de guerre.

Il veut qu'on mette le cheval en haleine
avant d'entreprendre une route , et que les
premières journées soient courtes.

On fait, dit-il, sa journée d'une traite, ou
on la partage entre le matin et le soir : le
premier parti est préférable.

Il est essentiel d'éviter les grandes chaleurs ; à mesure qu'on approche du gîte, on
doit ralentir pour que le cheval n'ait pas
chaud en arrivant.

Si , malgré cette précaution , il est en
sueur, on le promène , car le refroidisse-
ment n'est pas à craindre quand le corps est
en action. On peut aussi desseller, abattre
l'eau avec le couteau de chaleur , bouchonner avec une poignée de paille ou de litière
sèche, et couvrir le cheval avec de la paille
fraîche que l'on assujétit au moyen d'un surfaix ou d'une couverture. On éponge les yeux,
les naseaux , etc. , et, loin de bouchonner les
jambes, il faut les laver avec de l'eau froide,
ce qui empêche les humeurs d'y affluer.

Quand les chevaux sont légèrement échauffés, on les laisse une heure sans manger ,
puis on leur donne un peu de fourrage ; on
les fait boire et on distribue l'avoine.

Les pieds exigent une attention constante ;
on les nettoie avec le cure-pied : s'ils sont

9*

chauds et sensibles, on les remplit de terre glaise et on les graisse.

Les panneaux de la selle doivent être séchés et battus pour que leur dureté ne blesse pas le cheval.

Il est prudent de ne pas faire boire en route ; l'eau peut être de mauvaise qualité. Si les chevaux avaient chaud, on pourrait leur donner des coliques.

Enfin, les moyens de rétablir le cheval à la suite d'un voyage pénible sont le repos, l'eau blanche, la bonne litière, le soulagement des talons par l'extraction de deux clous de chaque côté, la terre glaise appliquée et renouvelée deux fois chaque jour sur la sole, de fréquentes lotions faites sur les jambes avec de l'eau acidulée, et l'ouverture de la jugulaire trois ou quatre jours après l'arrivée, si toutefois le vétérinaire juge que l'état du sujet réclame cette opération.

TITRE II.

DU CHEVAL MALADE.

On divise les diverses affections qui peuvent survenir au cheval, en *Tares, Défectuosités maladives, et Maladies*, comme on le voit dans le tableau suivant.

TABLEAU *des défectuosités maladives et de plusieurs des maladies du cheval.*

ARTICLES.	SÉRIES.	DÉTAILS.
1o. Affections et tares relatives..	1º Aux mouvemens.	Embarras, gêne, raideur, claudication, éparvin sec.
	2º Aux aplombs.	Changement de direction des rayons articulaires, tels que arqué, droit sur ses membres, bouté, etc.
	3º Aux proportions et formes extérieures.	1º Engorgemens de la peau et des tissus adjacens, capelets. 2º Tumeurs synoviales, molettes, vessigons, etc. 3º Tumeurs osseuses, exostoses, suros, formes, éparvins, jardes, etc.
2o. Accidens principalement extérieurs.	1º Sans lésion de la peau.	Dérangemens dans les articulations, luxations, entorses ou mémarchures, efforts, écarts, etc.
	2º Avec lésion de la peau, le plus ordinairement.	Mal ou flegmon à la nuque, maox de garrot, de dos, de rein, des côtes; trombus, blessures accidentelles, fractures.
3o. Maladies essentiellement intérieures.	1º Dont le siége est à la tête ou au tronc.	1º Affections des oreilles, des yeux; maladies des parties dépendantes des organes digestifs; lampas, barbes, barbillons, tics, etc.; coliques, hernies, etc. 2º Affections apparentes aux parties comprises dans les organes de la respiration : morve, gourme, affection de poumon, etc.
	2º Dont le siége est aux extrémités.	1º Crévasses, écoulemens d'humeurs, eaux aux jambes, etc. 2º Affections du pied.
	3º Dites contagieuses, épizootiques ou endémiques.	
	4º Maladies redhibitoires.	Morve, farcin, gale, rage, charbon, maladies épizootiques. Pousse, courbature, cornage, tic, fluxion périodique, etc.
	5º Réputées nerveuses.	Epilepsie ou mal caduc, vertige, immobilité et tétanos.

ARTICLE PREMIER.

AFFECTIONS ET TARES.

Les *tares* sont des affections qui entraînent des changemens fâcheux dans les mouvemens, dans les aplombs et dans les proportions du cheval.

§ Ier. *Tares par rapport aux mouvemens.*

Tout ce qui nuit à la liberté des mouvemens, soit par défaut d'organisation première ordinairement héréditaire, soit par défaut d'instruction appropriée, soit enfin par fatigues, usure ou accidens quelconques, est toujours une tare fâcheuse.

Parmi ces affections, on distingue les *claudications* ou *boiteries*, dont quelques-unes sont momentanées, et d'autres quelquefois permanentes.

La plus remarquable est celle dite de *vieux-mal*. Tantôt le travail l'augmente, tantôt il la fait disparaître pour un temps : elle est toujours très-grave.

L'*Eparvin sec* consiste en un mouvement vif, saccadé et convulsif, de l'une ou des deux jambes de derrière ; ce que l'on appelle *harper*. Cette affection n'est apparente que dans le mouvement : elle déprécie infiniment le cheval, et dégénère tôt ou tard en claudication réelle.

Les boiteries de vieux-mal et l'éparvin sec n'ont point de remèdes connus.

§ II. *Tares relatives aux aplombs.*

Les changemens de direction articulaires, qui constituent le cheval *arqué*, *droit sur les membres*, *bouté*, etc., sont dûs spécialement aux fatigues, et se remarquent surtout dans la partie inférieure des membres.

1° *Arqué ;* un cheval est *arqué*, lorsque ses genoux sont portés en avant de la ligne d'aplomb, par le raccourcissement des muscles ou tendons à la face postérieure du membre, ce qui rend cette articulation vacillante et expose le cheval à tomber facilement. Il ne faut pas confondre le cheval *brassicourt* avec le cheval *arqué ;* il n'éprouve pas, comme celui-ci, ce vacillement dans l'articulation du genou.

2° *Droit sur les membres* exprime le redressement, par les mêmes causes que ci-dessus, de l'articulation du boulet avec le paturon, ce qui, en général, est moins à redouter qu'aux genoux. Cette défectuosité n'est pas aussi fâcheuse dans les extrémités postérieures, que dans celles du devant. Le cheval est dit *bouté* ou *bouleté*, lorsque le mal est porté au plus haut degré.

§ III. *Tares relatives aux proportions et aux formes extérieures.*

Ces tares sont de trois sortes : 1° Engorgement de la peau ; 2° Tumeurs synoviales ; 3° Tumeurs osseuses.

1° *Engorgement de la peau et des tissus adjacens.*

Les *capelets*, engorgement de la peau à la pointe du jarret. Le capelet est plus fâcheux quand il est la suite de l'usure que lorsqu'un accident l'a produit. Ce qui constitue un *capelet* peut se montrer aux genoux et même aux boulets ; mais aucun nom, jusqu'à présent, n'a été consacré à ces tares : l'engagement du genou est le plus dangereux.

On dit qu'un cheval est *couronné*, lorsque par suite d'accidens, d'une chute surtout, le poil a été enlevé au genou : souvent il ne repousse pas.

2° *Tumeurs synoviales.*

1° *Molettes*, grosseurs molles qui viennent au boulet et qui sont dues à la distension de la capsule synoviale et de la peau.

2° *Vessigons*, affections du jarret, de la même nature que les molettes pour le boulet.

On dit que ces tumeurs sont *simples*

lorsqu'elles ne viennent que d'un côté, *dou-bles* ou *chevillées* si elles arrivent en dehors et en dedans, et *soufflées* si elles se joignent extérieurement et entourent le tendon : ces dernières sont les plus graves. Il peut survenir de ces tumeurs aux genoux ; mais elles sont rares.

Le repos tend à les diminuer et à les faire disparaître, le travail et les efforts ont l'effet contraire ; aussi annoncent-elles en général l'usure. Des compressions extérieures, au moyen de bandages, servent à en arrêter le développement.

3° *Tumeurs osseuses.*

Lorsque le suc osseux s'est échappé du périoste, il s'épanche sur les os, les durcit et produit les *exostoses*.

Les *exostoses* nuisent de plusieurs manières : tantôt aux articulations, en gênant leurs mouvemens ; tantôt en soulevant les tendons et les ligamens, ou en les blessant par leurs aspérités plus ou moins aiguës ou saillantes.

On a l'habitude de donner différens noms aux exostoses, selon les parties qu'elles affectent. C'est ainsi qu'au genou on les nomme *osselets ;* au canon *suros, simples, doubles* ou *en fusée ;* dans ce dernier cas, il y en a plusieurs à côté, ou à la suite les uns des autres. Au paturon

et à la couronne, on les appelle *formes.*
Lorsqu'elles entourent le boulet avec la disposition d'un renflement circulaire des abouts articulaires, on dit le *boulet cerclé.*

Les exostoses qui affectent le jarret, sont :

1° L'*Eparvin calleux :* renflement de la partie interne et inférieure du jarret.

2° L'*Eparvin de bœuf :* toute la face interne du jarret est gonflée.

3° La *Courbe* : exostose qui vient à l'éminence interne et inférieure de l'os de la jambe. (Tibia)

4° Le *jardon* et *la jarde :* ces deux expressions, qui sont un diminutif l'une de l'autre, expriment deux tumeurs osseuses. La première vient à l'endroit où le péroné externe se joint au canon et au jarret : on la distingue surtout lorsqu'on est placé derrière le cheval. La seconde se prolonge sous le tendon de la face postérieure, qu'elle soulève et gêne beaucoup ; par conséquent, pour la bien voir, il faut regarder le cheval de profil.

§. IV. *A quels signes se connaissent ces diverses Tares, et des soins à y apporter.*

Les changemens de direction des rayons articulaires et les engorgemens des tissus se reconnaissent aisément à l'œil. La claudication accompagne presque toujours ces tares et les rend plus graves.

Il est difficile de reconnaître les claudications lorsqu'elles sont légères , et surtout de savoir quel est le membre affecté. Lorsqu'un cheval boîte , il est à remarquer qu'en marchant au pas et lentement , le corps de l'animal , au moment où le pied malade pose sur le sol, s'élève de l'avant-main pour les claudications du devant , et de l'arrière-main pour celles du derrière : mais si l'on accélère la marche du cheval , ou qu'il prenne le trot soutenu , le contraire a lieu ; le corps s'abaisse et fléchit au moment où le pied se pose. L'action de monter augmente les claudications du derrière , et l'action de descendre celles du devant.

En faisant tourner le cheval , la claudication des membres du dedans est plus marquée. La marche sur le pavé fait mieux apparaître les claudications qui ont leur siége dans le pied.

Il n'y a guère que le repos et des palliatifs très-incertains à indiquer pour ces affections, surtout lorsqu'elles ont acquis une certaine gravité. Les moyens généraux sont, la mise au vert, la diminution du travail, des ménagemens dans l'emploi, et le choix d'un service convenable à l'état du cheval.

Parmi les divers moyens de traitement qui peuvent être mis en œuvre pour guérir ou diminuer du moins ces accidens, on doit regarder l'emploi du feu comme le plus efficace sans doute , mais aussi comme celui dont les traces ne s'effacent point, surtout lorsqu'on s'est servi de son action de manière à en obtenir les meilleurs résultats. On ne devrait pas hésiter à en faire usage dans les régimens toutes les fois qu'il est jugé utile. C'est surtout sur les exostoses qu'il paraît produire le plus d'effet.

Si la boiterie est récente et la cause inconnue, le plus sûr est de faire déferrer le cheval et sonder la corne, parce qu'il est présumable que le siége du mal est dans le pied. On suit alors les indications qui sont portées à l'article des affections du pied.

<h1 style="text-align:center">ART. 2.</h1>

<h3 style="text-align:center">DÉFECTUOSITÉS MALADIVES.</h3>

§ Ier *Accidens extérieurs sans lésions de la peau. — Dérangement des articulations.*

Les accidens qui surviennent aux articulations sont presque toujours suivis d'un long affaiblissement, surtout lorsque le mal a été grave : des efforts, des chutes, des faux-pas, en sont ordinairement la cause.

1° *Luxation :* déboîtement plus ou moins complet des abouts articulaires. Les articulations les plus sujettes aux luxations sont celles du boulet, de la rotule, et de la cuisse avec la hanche. Cette dernière luxation est la plus grave. La luxation de la tête sur les vertèbres, ainsi que celle des vertèbres entre elles, sont presque toujours mortelles.

2° *Efforts, entorses* ou *mémarchures*. Distensions plus ou moins fortes des ligamens. Celles qui viennent au boulet sont les plus graves.

3° *Ecarts :* distension ou même déchirement des fibres musculaires à la jonction des membres (surtout des antérieurs) avec le corps. Lorsque l'accident est très-grave, on le nomme *Entr'ouverture.*

La claudication est toujours le résultat de ces affections. Les simples écarts produisent souvent des boiteries très-longues et sujettes à récidives ; le cheval marche alors *en fauchant,* c'est-à-dire en décrivant avec la jambe un arc de cercle plus ou moins grand en dehors. Dans le repos, il est assez habituel à ces chevaux de tenir en avant le membre affecté, ce qu'on appelle vulgairement *faire des armes,* ou *montrer le chemin de Saint-Jacques.*

Le premier soin auquel il faut se livrer, lorsqu'il y a une luxation, c'est de la *réduire,* c'est-à-dire de remettre les parties à leur place : mais il faut que cette opération soit faite par des mains exercées ; sans cela, on pourrait agraver le mal au lieu de le diminuer.

Dans les entorses et les efforts tout récents, on commence ordinairement par mettre la partie dans l'eau froide salée, ou bien on la frictionne avec des substances spiritueuses. Dès que l'inflammation survient, on a recours aux bains et aux cataplasmes émolliens ; ensuite, pour fortifier la partie, on est souvent obligé d'employer le feu.

En général, le repos est nécessaire dans ces affections.

§ II. *Accidens avec lésion de la peau le plus ordinairement. — Mal ou Flegmon à la nuque, maux de garrot, de dos, etc.*

Ces affections sont produites ordinairement par des causes extérieures, soit de la part de corps qui déchirent, ou de corps qui compriment les tissus, ainsi que font les effets d'équipement, de harnachement, etc.

1° Le *mal de taupe* ou *testudo* : tumeur accompagnée de chaleur, douleur et gonflement dans le principe, qui survient à la nuque ; des coups ou une pression trop forte ou trop long-temps continuée la déterminent.

Elle dégénère ordinairement en un abcès qui nécessite une opération : les suites en sont presque toujours l'affaiblissement des tissus qui supportent la tête et l'encolure, de façon que l'animal ne pouvant pas bien soutenir ces parties, est incapable de faire un bon service pour la selle.

2° *Maux du garrot, du dos, du rein,* etc. Le même mal, produit par les mêmes causes que le testudo, peut se déclarer sur toute l'étendue de la colonne vertébrale : il demande beaucoup plus de soin, plus de temps pour guérir, des dépenses et des opérations beaucoup plus considérables, que lorsqu'il survient sur les parties latérales du corps ; par exemple les blessures que la selle occasionne sur les côtes sont infiniment moins dangereuses que toutes celles qu'elle produit sur le rein et surtout sur le garrot.

3° *Eponge :* nom que l'on donne à une tumeur qui vient à la pointe du coude par suite de la manière dont le cheval se couche : elle gêne l'animal et doit être traitée, quoiqu'elle offre peu de danger.

4° Le *Trombus :* on appelle ainsi une extravasion du sang sous la peau, à la suite des saignées mal faites. Le trombus est surtout grave aux jugulaires, lorsqu'il en résulte la destruction de l'une de ces veines. Il est prudent de s'assurer de leur existence, par la pression du doigt, si des cicatrices font craindre qu'il y ait eu trombus.

5° *Blessures accidentelles.* Toutes les parties du corps sont exposées à ces affections, à la guerre surtout : on les partage en *blessures d'armes à feu,* et *blessures d'armes blanches.*

Les *fractures* et les *meurtrissures* sont

la suite des premières; les *hémorragies* ont lieu par la section des vaisseaux : celles des artères sont beaucoup plus graves que celles des veines. Les fractures sont en général très-graves, et déterminent presque toujours la perte des chevaux qui en sont affectés, par l'impossibilité, ou du moins par l'extrême difficulté de les guérir, comme aussi par les dépenses que réclame leur traitement.

L'une des fractures qui ont les suites les moins fâcheuses, est celle de la pointe des hanches; elle rend ce qu'on appelle le cheval *éhanché* ou *épointé*.

Outre les précautions qui ont été indiquées à l'article 4 du titre 1er de cette 5me partie, (page 140) pour empêcher les suites fâcheuses que produit l'appui de la selle, il faut, dès que l'on s'aperçoit que les tissus ont été meurtris, arrêter l'inflammation avec des lotions d'eau froide, auxquelles on peut ajouter du sel ou du vinaigre; on peut frictionner encore la partie avec des spiritueux.

Quant aux blessures avec hémorragie, l'essentiel est d'arrêter, si l'on peut, la perte trop considérable du sang.

Lorsqu'il s'agit de plaies plus ou moins anciennes, il faut se borner à y entretenir la propreté, employer la charpie et les bandages pour empêcher l'action trop forte de l'air extérieur, mais ne jamais se servir d'onguent ou de préparation que l'on ne connaît pas.

Art. 3.

MALADIES ESSENTIELLEMENT INTÉRIEURES.

Toutes les affections de cet article demandent essentiellement les soins du vétérinaire ; il faut se borner, en attendant, à mettre le cheval à la diète, ou à la paille et à l'eau blanche très-légère.

L'inquiétude et la tristesse du cheval, son dégoût des alimens, son abattement, l'altération des flancs indiquent ordinairement l'invasion d'une maladie intérieure. [La fièvre se déclare, le poil se pique et perd son *luisant.*

§ Ier *Maladies dont le siége apparent est à la téte et au tronc.*

La *surdité.* Cette infirmité peut être fâcheuse dans un cheval de guerre. Pour en reconnaître l'existence, il vaut mieux faire usage de quelques appels de langue, que du claquement d'un fouet.

Maladies des yeux. Elles affectent ou les parties environnantes, ou le globe de l'œil lui-même. Les premières sont :

1° La *Fistule lacrymale*, qui produit l'écoulement continuel des larmes sur le chanfrein.

2° L'*Onglée* ou inflammation de la paupière nasale.

3° L'*Ophtalmie*, lorsqu'elle n'attaque que la conjonctive dont elle désigne l'inflammation.

Les autres sont :

1° La *fluxion périodique* ou inflammation des parties intérieures de l'œil : dans ce cas la conjonctive est également enflammée, l'œil larmoyant, l'humeur aqueuse tout-à-fait trouble et de la couleur brunâtre de la suie. Cette maladie, qui vient, disparaît et revient à plusieurs intervalles, n'attaque ordinairement qu'un œil à la fois, mais finit par y détruire la vue, et souvent agit ensuite de même sur l'autre œil. Elle est le fléau de certaine contrée.

2° Le *dragon* : il reconnaît pour cause l'opacité du cristallin qui empêche toute possibilité de voir les objets. Le cristallin paraît d'abord blanchâtre, ce qui constitue l'œil *cul de verre*, il devient ensuite tout-à-fait blanc.

3° Les *taics* ou *albugos*, qu'il ne faut pas confondre avec les taches blanches de l'iris dans les yeux *vairons*, sont des taches blanchâtres qui viennent sur la cornée lucide et qui ne nuisent essentiellement que quand elles se trouvent sur le milieu de l'œil : elles sont susceptibles de s'agrandir.

4° La *goutte sereine* ou *amorose* est la paralysie du nerf optique. Elle se reconnaît à l'immobilité de l'œil,

Plusieurs affections des organes digestifs ont leur siége à la bouche et aux parties antérieures de la tête.

1° La *fistule des glandes salivaires* consiste en un écoulement de la salive, par la rupture des conduits qui la contiennent.

2° La *fève* ou *lampas*, inflammation et gonflement du palais. Cette affection est peu dangereuse et se remarque surtout dans les jeunes chevaux ou dans les chevaux qui sont échauffés. Il faut bien se garder, pour les guérir, de brûler le palais avec un fer chaud.

3° Les *barbillons*. C'est le même accident que le lampas, survenu à l'ouverture des canaux salivaires.

4° La *carie*, affection des dents, espèce l'ulcération qui exhale une odeur infecté. Souvent l'animal, qui ne peut pas bien mâcher, conserve des aliments dans sa bouche, c'est ce qu'on appelle *faire magasin*. On s'en aperçoit à la perte de la salive et au renflement de la joue au dehors.

5° Les *tics* ou mauvaises habitudes, au nombre de trois. L'un est appelé *tic d'appui* : il a lieu lorsque l'animal, appuyant ses dents sur un corps résistant (la mangeoire ordinairement), fait un effort particulier et laisse entendre dans l'arrière-bouche un bruit produit par la sortie d'une portion d'air. Le second est le *tic en l'air ;* il ressemble au précédent, excepté que le

cheval, au lieu de s'appuyer, élève la têt
et ouvre la bouche. Le troisième est le *ti*
rongeur, qui a lieu lorsque l'animal cherche à manger et mange en effet les diffé
rents objets qu'il peut atteindre, le fumier
le crottin, et les corps les plus sales et le
plus opposés à ses goûts habituels.

On regarde comme le résultat d'une af
fection des voix digestives l'existence d
ces divers tics : cependant ceux des deu
premières sortes sont susceptibles de se ga
gner par l'exemple, et, en ce sens, il
sont réellement contagieux. Les moyen
conseillés pour déshabituer les chevaux d
tiquer, surtout quand ils commencent
se livrer à ce vice, sont ou de serre
l'encolure près de la tête avec un collier, o
de garnir la mangeoire avec de la tôle, de
clous, du fer-blanc, etc. Les chevaux t
queurs sont ordinairement maigres et ma
portans; ceux qui tiquent en mangeant l'a
voine, ont de plus l'inconvénient de pe
dre une partie de leur ration et celle d
leurs voisins.

Le *tic de l'ours*, qui consiste dans u
balancement continuel, n'a point de rap
port avec les autres tics, du moins quar
aux symptômes extérieurs. On peut espé
rer de corriger le cheval, soit en lui met
tant des entraves, soit en le laissant no
attaché dans une stalle.

Affections de l'abdomen. Ces affection

sont nombreuses : on signalera particuliè-rement ici les *indigestions* et les *coliques.* Ces dernières sont très-à-craindre et sont de plusieurs sortes. Le cheval qui en est atteint se couche, se roule, se tourmente beau-coup et demande des soins prompts et en-tendus. Les premiers à lui donner sont de le bouchonner fortement et de le promener.

Les *hernies* ou *descentes* sont formées par le déplacement de quelque viscère qui fait sailllie au-dehors sans lésion de la peau : celles du nombril portent le nom d'*exom-phales.* Il n'y a presque pas de moyen de guérison pour les hernies du cheval.

Les chevaux entiers sont sujets à des her-nies aux organes génitaux : elles sont toutes très-graves.

Les maladies des naseaux et de la poitrine offrent le même rapport que celui qu'on re-marque entre les affections de la bouche et de l'abdomen.

1° La *gourme.* Maladie qui accompagne ordinairement les derniers changemens qui font un cheval d'un poulain : elle consiste en un écoulement des matières par les naseaux, accompagné de toux et de l'engorgement des glandes de la ganache. Il y a des che-vaux qui jettent leur gourme beaucoup plus abondamment que d'autres.

2° Le *catarrhe,* appelé autrement *rhume;* il y en a de très-violens qui demandent un traitement suivi.

3° Les *maladies de la poitrine* sont très-nombreuses, très-graves ; fort souvent même par leurs suites elles portent préjudice à la valeur du cheval. Ordinairement la toux les accompagne. Elles offrent ce caractère commun aux affections de l'abdomen, que l'animal redoute surtout le mouvement.

La gourme, le catarrhe et les maladies de la poitrine demandent les mêmes soins généraux, c'est-à-dire le repos, l'éloignement du froid, des boissons tièdes et adoucissantes, l'usage du miel, etc.

§ II. *Maladies dont le siége est aux extrémités.*

Les crevasses, écoulemens d'humeurs, eaux aux jambes, etc., sont des affections qui attaquent les extrémités depuis le genou et le jarret jusqu'au pied : elles consistent en des écoulemens de matières séreuses, souvent même d'odeur infecte, au moyen de fentes ou de crevasses à la peau. Les chevaux des pays humides et marécageux y sont plus exposés que d'autres, surtout lorsqu'ils habitent des localités de cette nature. Les extrémités postérieures sont presque les seules affectées par les *eaux aux jambes.*

Ces écoulemens ou crevasses portent, suivant les parties, les noms de *solandre* ou *malandre, râpe, arrêtes, queue de rats, crapaudine, peignes secs* et *humi-*

des, etc. Lorsque la maladie est longue, il survient des *fics* ou *poireaux* qui augmentent monstrueusement les jambes du cheval. La propreté est le seul remède à y apporter.

Les affections du pied sont généralement locales. Elles demandent une opération chirurgicale plus ou moins difficile, et par suite l'emploi d'une ferrure pathologique.

1° Le *javart encorné* : ulcération de l'un ou de plusieurs des cartilages latéraux du pied.

Cette maladie est très-grave, parce qu'elle nécessite une opération chirurgicale d'un issue longue et incertaine. La corne reste long-temps déformée, ce qui rend la ferrure difficile.

2° *Soie* ou *pied de bœuf* : division longitudinale de la corne à la pince.

5° *Seime* : même accident sur les côtés. Ces deux accidens sont à craindre, surtout si la fente est profonde et comprend toute l'étendue de la corne.

4° La *sole battue* est celle qui a été contuse par la marche ou par les irrégularités du sol.

5° La *sole brûlée* est la sole que le fer, mis trop chaud, a offensée.

6° Les *oignons* : exostose à la face plantaire de l'os du pied, qui soulève la sole et en rend l'appui douloureux.

7° Les *cerises* : on nomme ainsi des ex-

10*

croissances de chair qui subsistent après des opérations faites aux pieds, et qui empêchent la corne de se fermer.

8° Les *bleimes* : meurtrissures plus ou moins fortes qui surviennent, surtout vers les talons, par l'appui du fer lorsqu'il est mal placé, ou que les parties postérieures du pied sont délicates; ce dernier cas est plus fâcheux.

9° Les *clous-de-rue*, nom par lequel on désigne un corps étranger quelconque, introduit dans la sole ou dans la fourchette. Il faut essayer d'ôter le corps sans le casser ; on peut encore agrandir en entonnoir l'ouverture qu'il a faite, pour que la corne ne se referme pas sur la plaie. Il faut remplir ce trou avec de l'étoupe imbibée d'eau-de-vie ou d'essence de térébenthine. Il est préférable d'avoir recours au vétérinaire en lui montrant le corps enlevé de la blessure, pour qu'il puisse juger de sa gravité.

10° L'*Étonnement du sabot* : il est produit par le heurt du pied contre des pierres ou des corps assez durs pour meurtrir les tissus sous la corne, faire boiter le cheval et donner lieu à des suites très-fâcheuses, et même à la chute de l'ongle, si des soins prompts et entendus ne peuvent arrêter les progrès ne l'inflammation.

11° La *Fourbure* : elle est occasionnée par l'accumulation du sang dans la chair cannelée du pied, surtout en pince, à la suite de fatigues très-fortes, quelquefois d'un repos trop long-temps prolongé, ou encore après la transition trop brusque d'une nourriture peu succulente à une qui l'est trop.

Le cheval qui devient ou qui est fourbu, marche toujours sur les talons pour éviter la douleur qu'il éprouve au siége du mal. Si ce mal n'est pas traité de suite, il augmente; le pied se déforme, la corne se déjette en avant, et la paroi se sépare de la sole à la pince.

La fourbure est une des maladies du pied à laquelle on peut facilement donner quelques soins, dès qu'on croit avoir à en redouter l'invasion. Elle s'annonce par la difficulté qu'a l'animal de marcher sur la partie antérieure des pieds.

Alors on fait déferrer ou au moins ôter quelques clous à la pince des pieds menacés; on les baigne dans l'eau froide salée, puis on les enveloppe avec des linges imbibés de vinaigre. On peut encore faire des frictions aromatiques et irritantes aux jarrets et aux genoux, lorsqu'il est impossible de remettre les animaux aux soins du vétérinaire.

12° Le *Crapaud* : une des plus graves affections du pied; elle consiste dans une sorte de décomposition de la sole. Il ne faut pas la confondre avec la *fourchette échauffée*. Ce dernier accident, qui arrive quelquefois par le séjour dans les écuries peu propres, ou par défaut de soins, est très-peu de chose, tandis que la perte de l'animal est presque toujours la suite du crapaud.

§ III. *Maladies épizootiques, endémiques et contagieuses.*

Il importe peu de faire connaître ces maladies avec détail, parce qu'elles sont en partie l'écueil de la médecine elle-même.

On appelle *Epizootiques* les maladies qui attaquent, à la fois, un grand nombre d'animaux; *Endémiques*, celles qui se bornent à certains pays. On donne le nom de *contagieuses* à celles qui sont susceptibles de se communiquer soit directement, soit indirectement; aussi le premier soin à prendre est de séquestrer l'animal qui en est affecté.

1° La *Morve*. Cette maladie, fléau de la cavalerie, doit être regardée comme contagieuse, et nécessite, par conséquent, toutes les précautions que ce genre d'affection réclame. On reconnaît la morve 1° à l'écoulement par un seul des naseaux d'une matière visqueuse, plus ou moins épaisse, 2° à l'engorgement des glandes situées du côté où a lieu le flux; 3° à l'existence de chancres sur la membrane pituitaire. Cette maladie a trois degrés qui ne sont que les diverses nuances de son cours.

On doit sacrifier tous les chevaux dans lesquels la morve est avérée.

2° Le *Farcin*. Il consiste en des boutons, plus ou moins nombreux, qui suivent le trajet des veines et qui dégénèrent presque toujours en ulcères fétides. Cette affection est plus susceptible de se guérir que la morve; elle est de nature contagieuse.

3° Le *Charbon*, maladie qui se reconnaît à de grosses tumeurs noirâtres qui tiennent du caractère de la peste, et qui tuent très-promptement le cheval, s'il n'est pas traité de suite. On nomme *glossanthrax* le charbon à la langue, et *ancœur* celui qui vient au poitrail.

4° La *Gale*, maladie bien connue; elle est contagieuse, et causée quelquefois par la malpropreté. Il faut tenir le cheval isolé, le bien panser, et faire usage de bains ou de lotions émollientes, en attendant le traitement du vétérinaire.

5° La *Rage*. Cette terrible maladie paraît ne pas se communiquer par la morsure des herbivores comme par celle des carnivores. Jusqu'à présent elle est incurable.

§ IV. *Maladies dites redhibitoires.*

Ces maladies sont celles qui donnent à l'acheteur le droit de faire reprendre , par le vendeur, l'animal qu'il lui a acheté, parcequ'elles diminuent infiniment sa valeur.

1° La *Pousse* : cette maladie comparable en quelque sorte à l'asthme dans l'homme, consiste en une gêne particulière dans la respiration. On la distingue à un contre-temps ou soubresaut qui, dans la pousse caractérisée, se fait remarquer au flanc, ou pour mieux dire au ventre du cheval, surtout lorsqu'il est dans un repos complet. Le cheval poussif souffre surtout lorsqu'il faut monter, ainsi que pendant les chaleurs. Il convient de le nourrir à la paille et à l'avoine, et de lui éviter tout travail forcé.

2° La *Courbature* et la *fortraiture*. Ces deux affections sont difficiles à distinguer; elles désignent ordinairement l'état d'un cheval qui a été épuisé par de trop fortes fatigues, ou qui a souffert de la transition du chaud au froid. Les chevaux courbaturés ont le poil terne et piqué, le flanc souvent cordé; par les naseaux s'écoule une humeur blanchâtre et glaireuse. La *fortraiture* ou *gras fondu* est de plus accompagnée d'un amaigrissement général. Les soins, le régime et les ménagemens sont les seuls remèdes à ces deux affections.

5° *Cornage, sifflage* ou *hallay;* ce sont plusieurs noms donnés à la même maladie; elle a pour caractère un son particulier que le cheval fait entendre dans l'exercice, surtout accéléré, et qui devient plus fort quand on exige que l'animal rapproche la partie inférieure de sa tête de l'encolure. Quelle que soit la cause de cette affection, elle diminue infiniment la valeur du cheval, qui, outre le désagrément de ce bruit, est ordinairement faible et d'un mauvais service.

4° Du *Tic*. Il n'y a que celui qui ne se connaît pas à l'usure des dents, qui peut être cause de la redhibition, et encore dans certaines localités. (Voir la 4me partie.)

§ V. *Maladies réputées nerveuses.*

1° *Epilepsie* ou *mal caduc* : c'est ce que vulgairement on appelle *le haut-mal* dans l'homme. Cette maladie, dont les accès sont périodiques, est d'autant plus à redouter qu'elle est à peu-près incurable; d'ailleurs on ne sait jamais lorsqu'elle est tout-à-fait guérie, puisqu'elle ne laisse souvent aucun moyen de la reconnaître entre les accès.

2° Le *Vertige* ou *vertigo* : de la même nature que la précédente, cette affection rend l'animal fou ou furieux. Elle est quelquefois déterminée par des indigestions et revient souvent par intervalle.

3° L'*Immobilité*. Cette maladie a un caractère moins aigu que les précédentes, quoiqu'elle soit comme elles variable dans son cours. Tantôt elle consiste dans l'impossibilité où est l'animal de reculer; quelquefois de s'arrêter facilement, surtout dans la course; d'autres fois de tourner, et surtout de décroiser les jambes de devant, lorsqu'elles sont placées l'une par-dessus l'autre.

4° Le *Tétanos*, maladie des plus aiguës, et presque sans espoir de guérison.

IVᵉ PARTIE.

Haras et Remontes.

------♦------

ARTICLE PREMIER.

NOTIONS SUR LES HARAS.

------♦------

§ Ier. *Des races.*

Le mot *race* sert en général à désigner la descendance des animaux d'une même famille, ou au moins d'une commune origine.

On dit qu'un cheval *est de race*, lorsqu'il possède les caractères distinctifs des races précieuses par leur origine et par leurs qualités ; telle est surtout la race arabe. Un cheval *a plus ou moins de race*, selon qu'il offre plus ou moins de ces caractères.

Les idées corrélatives se rendent en Angleterre en disant qu'un cheval est *de sang, de pur sang*, ou *qu'il a du sang*. La désignation de *pur sang* indique le cheval ou la jument nés de père et de mère descendant directement des étalons arabes et des jumens barbes par lesquels fut créée, il y a environ deux siècles, la race anglaise actuelle. Le *demi-sang* est le produit d'un animal de pur sang, croisé avec un individu de race perfectionnée.

La première distinction qu'on puisse établir dans les races, est celle *des chevaux sauvages* et *des chevaux domestiques*.

Les chevaux sauvages sont petits, ont la tête longue et dans le genre de celle de l'âne, les membres gros et ordinairement long-jointés ; leur poil, qui s'alonge en hiver, varie peu de *l'isabelle* au *souris*. On en distingue de deux espèces : ceux d'origine première, qui est ignorée, et ceux devenus sauvages en Amérique après la conquête de ce continent. Les premiers se rencontrent en troupeaux innombrables sur les plateaux de l'Asie, près du Volga, dans la Tartarie et dans la Chine.

On trouve des chevaux *demi-sauvages* dans l'Ukraine, sur les bords du Don, en Finlande, en Transylvanie, etc. La France en possède quelques espèces dans les Landes et dans l'île de la Camargue. Généralement petits, ces chevaux ont une vivacité et un courage peu communs.

Les chevaux domestiques, dont les races ou les espèces sont très-nombreuses, en offrent de deux sortes par rapport à la France : 1° *Les chevaux étrangers;* 2° *Les chevaux français* ou *indigènes*.

Chevaux étrangers.

1° Le cheval *arabe* a la supériorité sur toutes les autres races. Doux, sobre et patient, il est le prototype de l'espèce du cheval, et a servi à améliorer toutes les races : mais c'est dans l'action surtout qu'il faut le juger. Il est de taille moyenne ; généralement étoffé, il a la peau fine, les membres de la plus grande beauté, le corps un peu plus long que haut, l'encolure bien sortie, la tête aplatie et presque carrée, la ganache un peu forte, les formes très-sèches, quoique arrondies et agréables.

2° Le *cheval persan* : supérieur en taille à l'arabe, il est infatigable comme lui, mais moins sobre et exigeant beaucoup de soins. Les plus distingués viennent dans les environs du Caucase, dans le pays des Turcomans, et sur les bords de la mer Caspienne. Ces pays sont maintenant au pouvoir de la Russie, qui, possédant également la Géorgie et la Circassie, est à même de remonter sa cavalerie avec des chevaux de qualités tout-à-fait supérieures.

3° Les *chevaux tartares* et ceux des bords du Don ont un fond et une vigueur qui les rendent excellens pour la guerre.

4° Les chevaux que produisent *la Turquie*, *la Hongrie* et *la Transylvanie*, participent des mêmes qualités que les chevaux persans et tartares.

5° Le *Cheval barbe :* on le trouve sur les côtes septentrionales de l'Afrique. Son encolure est longue et un peu grêle, sa tête parfois busquée, ses oreilles jolies et bien placées, le rein court, les flancs pleins, la croupe un peu longue et les jambes fort belles. Les chevaux barbes ont servi autant que les arabes à améliorer et à former la race anglaise.

6° Le *cheval d'Espagne* est celui qui se rapproche le plus du barbe. Il est plus propre au manége qu'à la guerre.

7° Les *chevaux allemands* sont plus recommandables par leur nombre et leur variété, que par leurs caractères *de race* proprement dite. Ils conviennent généralement au service militaire par leur bon marché, leur construction et leur légèreté. Le Mecklembourg en fournit surtout de bons, et en grand nombre. La Hollande offre les *hart-draven,* si renommés par la vitesse de leur trot.

8° Le *cheval anglais :* il est supérieur à tous les autres, et vaut presque l'arabe, dont il est descendu ainsi que du cheval barbe. La race indigène a presque disparu.

En Angleterre on connaît des chevaux de course, de chasse, etc., et non des chevaux de telle ou telle contrée.

Le *cheval de course* a l'encolure longue, renversée à la partie inférieure et rouée parfois à la supérieure : l'œil vif, tête carrée, rarement busquée, oreilles grandes, corps long, extrémités hautes mais très-sèches, croupe longue.

Le *cheval de chasse* a de plus belles formes et plus d'étoffe que le cheval de course : taille élevée, encolure se rouant bien, tête carrée, œil grand et vif, ganache un peu forte, la queue au niveau du rein, beaucoup de race dans les jambes. On lui reproche d'avoir les épaules peu libres ; mais cela tient plutôt à l'instruction qu'à la construction du cheval.

Le *cheval d'attelage :* tête grosse, encolure assez courte, corps très-étoffé, croupe large et très-fournie, membres fort solides, allures peu relevées. On lui reproche d'avoir la bouche et les réactions très-dures. Il est gros mangeur.

Le *cheval de trait* passe pour un modèle dans ce genre, par la beauté de ses formes, et surtout par la largeur et la sécheresse de ses membres.

9° Le *cheval irlandais* est particulièrement renommé pour son aptitude à soutenir la fatigue et à franchir toute sorte d'obstacles.

Chevaux français ou indigènes.

Si la France est pauvre en chevaux de luxe, c'est le pays qui offre le plus de germes de chevaux propres à tous les services de l'armée. Tous les soins doivent tendre à

élever leur nombre et leurs qualités au niveau des besoins de la cavalerie.

Pour classer les chevaux français d'après
leur plus ou moins de race, on trouve:

Les *limousins*, dont l'origine paraît
être la même que celle des chevaux anglais.
Ils ont la peau très-fine, la tête carrée,
l'encolure droite, souvent grêle, et parfois
avec le coup de hache; les membres en
sont très-sûrs, mais ceux du devant un peu
minces; ils ont le tendon failli, les jarrets
trop rapprochés, et les hanches saillantes.
Les chevaux limousins ne peuvent être mis
en plein service qu'à sept ans; les meilleurs
sont d'une taille moyenne.

Les *chevaux navarreins :* ceux de la
vieille race ont de la ressemblance avec
les chevaux espagnols. La nouvelle race
est formée par des étalons arabes qui lui
ont donné des formes en rapport avec celles
qui les distinguent eux-mêmes.

Les *chevaux normands*, dont les plus
distingués se trouvent dans le Merleraud et
le Cotentin : le pays de Caux fournit d'excellens chevaux pour le tirage. On reconnaît le véritable *normand* à la rondeur et
au développement de ses formes. Sa tête est
un peu busquée et trop forte, l'oreille mal
placée, l'encolure très-fournie et souvent
droite, le poitrail large, le ventre bien pro-
noncé, la croupe très-ronde, quelquefois
large et même double au milieu. Ses mem-

bres le distinguent et sont dans les plus belles proportions, cependant trop empatés, la peau épaisse, les éminences osseuses tellement saillantes qu'on les prendrait souvent pour des exostoses, le genou en dedans et trop gros, le pied un peu volumineux.

Le cheval normand peut rendre des services à cinq ans. Tous ceux qu'on vend pour tels n'ont pas cette origine. Les éleveurs du pays achètent un grand nombre de poulains dans les départemens circonvoisins ; ils les vendent ensuite pour *normands*. Il faut se défier aussi des chevaux qui ont été *refaits* dans les herbages de la Normandie.

Les *chevaux bretons*. Leur tournure est commune, et on leur reproche d'avoir l'avant-main trop lourde et la bouche dure ; mais la bonté et la solidité de leur service compensent, et au-delà, ces défauts. Le cheval breton a la tête grosse et aplatie, il est même camus ; l'encolure est courte et fournie, l'épaule forte, la croupe double et coupée, la queue attachée très-bas, les membres forts et larges, très-court-jointés et le jarret un peu droit. Il est généralement petit et a besoin, pour être mis en service, d'avoir jeté ses gourmes et d'être accoutumé au nouveau régime auquel on le soumet.

Le *Poitou*, le *Nivernais* et le *Morbihan* offrent des chevaux de selle propres à la cavalerie. Dans la *Franche-Comté*, la *Pi-*

cardie et la *Flandre*, on trouve surtout des chevaux pour le service de l'artillerie. La *Lorraine allemande* et l'*Alsace* renferment une espèce de chevaux qui se rapprochent des allemands et dont les services sont fort bons.

§. II. *Des haras.*

On appelle généralement du nom de *haras* une réunion de chevaux des deux sexes destinés à la reproduction.

Les *dépôts d'étalons* sont des établissemens où l'on n'entretient que des chevaux mâles, que l'on disperse au printemps en diverses stations pour opérer la monte.

La France possède deux haras royaux, l'un à Rosières, l'autre au Pin ; trois dépôts d'étalons et poulains ; plus vingt-quatre dépôts d'étalons.

Il existe outre cela un nombre indéterminé d'*étalons approuvés* et *autorisés*, qui sont la propriété des particuliers.

Les moyens généraux d'encouragement dont le gouvernement dispose, sont *les primes* et *les prix* pour les courses : les premières destinées aux plus belles jumens poulinières et à leurs productions, les autres aux animaux des deux sexes qui l'emportent par leur vitesse.

L'amélioration des races, encore plus que la propagation des chevaux, est le but le plus important pour la France dont les haras

aient à s'occuper. Le succès de l'amélioration
paraît dépendre surtout du choix des étalons
et des jumens, du régime auquel on les
soumet, et des soins que l'on donne aux
productions. C'est ainsi que l'on doit principalement éviter de faire reproduire des
animaux atteints de défauts ou de tares héré-
ditaires; qu'il faut chercher à modifier dans
les productions les défauts et les qualités du
père et de la mère, les unes par les autres,
mais sans s'exagérer cependant les avantages de ces compensations. L'étalon doit
avoir au moins 5 ans, et la jument 4 ans
faits.

La nourriture et l'éducation des poulains
exigent des soins particuliers et assidus. Elles
varient en raison de leur âge et de leur sexe.
Il est utile surtout de les familiariser de
bonne heure avec l'homme : pour cela, on
ne doit jamais aborder un poulain sans le
flatter ou sans lui offrir quelque peu des
alimens dont il est le plus friand; lui lever
souvent les pieds et frapper sur la sole,
afin que plus tard il soit docile à la ferrure ;
être présent quand il mange l'avoine ; dès
l'âge de 2 à 3 ans lui faire porter une selle,
puis de légers fardeaux, et enfin le faire
monter quelquefois par un individu d'un
poids proportionné à sa faiblesse ; l'accou-
tumer peu à peu au séjour de l'écurie, et
l'amener insensiblement au point d'éducation qu'on lui désire. Si le poulain doit

être soumis à la castration, l'opération ne saurait en être trop tôt faite, c'est-à-dire aussitôt que les testicules apparaissent à l'extérieur. Si le cheval doit subir l'épreuve des courses, on le prépare à cet exercice par un travail et un régime particuliers auxquels on a donné le nom d'*entraînement*.

ART. 2.

Des remontes.

On entend par *remonte* les chevaux que le gouvernement fait acheter pour compléter l'effectif des corps, et remplacer ceux qu'ils ont perdus par quelque cause que ce soit. Cette opération s'est faite tantôt par les soins des régimens eux-mêmes, tantôt par le moyen de dépôts spéciaux.

Tout militaire chargé d'une remonte, doit savoir apprécier les circonstances locales, les différentes espèces de chevaux qu'elles présentent, le voisinage ou l'éloignement des corps qui reçoivent les remontes, les effets produits sur les chevaux par la translation d'une contrée à l'autre, du midi au nord ou du nord au midi, pendant l'été ou pendant l'hiver ; enfin à quelle époque il convient de les faire châtrer. Il doit se mettre en relation avec les autorités locales, prendre auprès d'elles et de la gendarmerie

tous les renseignemens qu'il pourra en re-
cueillir ; parcourir, pour faire les achats, les
foires et les marchés, se présenter chez les
propriétaires et chez les éleveurs, tâcher de
s'affranchir du ministère des marchands de
chevaux et des courtiers, et surtout ne jamais avoir affaire aux maquignons.

§. Ier *Manière de faire les remontes.*

D'après les réglemens, les chevaux de remonte devraient avoir au moins 60 mois révolus ; mais on est autorisé à les prendre
depuis 4 ans jusqu'à 8. Chaque arme a une
taille désignée pour les remontes.

On les divise *en chevaux de selle* et
chevaux de trait : les premiers se parta-
gent *en chevaux de troupe* et *chevaux
d'officiers.*

On doit rechercher dans le cheval de troupe une grande solidité plutôt que du brillant,
des mouvemens libres, une bouche à toute
main, la vue nette, la poitrine intacte, un
bon appétit, le pied bon et sûr, du fond, et
surtout de la franchise et du courage. Les
chevaux de trait ayant moins habituellement
à vaincre d'énormes résistances qu'à fournir
à des mouvemens souvent très-rapides, doivent participer en grande partie des conditions fixées pour les chevaux de selle.

La grosse cavalerie est la plus difficile à
bien remonter, parce que les chevaux qui
lui conviennent sont les plus rares à trouver,

Les chevaux de dragons et d'artillerie légère tiennent le milieu entre ceux qui remontent les autres armes; ils doivent être assez étoffés mais légers d'allure.

La cavalerie légère doit surtout avoir des chevaux que distinguent leur nerf, leur légéreté et leur vivacité.

Quant aux chevaux d'officiers, leur choix offre une latitude que l'on n'a pas pour les chevaux de troupe, qui, une fois achetés, ne peuvent être l'objet d'aucune transaction. Toutefois, c'est la réunion au plus haut degré de toutes les qualités du cheval de troupe, jointes à plus de distinction, qui doit déterminer le choix du cheval d'officier.

Pour examiner le cheval qu'on veut acheter, la première condition dont il faut le moins possible se départir, c'est de le revoir à un ou deux jours d'intervalle, ou du moins à quelques heures.

Après avoir jeté un coup d'œil sur le cheval à l'écurie, pour juger de son caractère et de sa constitution par la manière dont il est attaché, ou séparé des autres, comment il mange et se laisse panser, etc., on l'examine lorsqu'il est présenté à la montre. C'est là qu'on juge la vue, l'âge, les aplombs et l'ensemble; de là on passe à l'exercice, en le faisant marcher au pas et au trot, conduit en main; revenu à l'endroit de la montre, on le fait reculer, marcher de côté, et enfin monter; on juge alors de sa docilité et de la franchise de ses allures.

On doit aussi le faire galoper un moment en ligne droite et en cercle, afin de s'assurer de l'intégrité de la poitrine.

On termine cet examen en faisant lever les pieds et frapper sur le fer pour s'assurer qu'il est docile à la ferrure, objet fort important pour la guerre.

La meilleure manière de juger un cheval est de le monter soi-même ; mais ce moyen n'étant pas toujours praticable, on doit autant que possible le faire monter par les cavaliers employés à la remonte.

Les ruses que les maquignons emploient pour tromper les acquéreurs, consistent à dissimuler tous les défauts et à exagérer les qualités.

C'est ainsi qu'ils arrachent les dents aux poulains, quils contremarquent celles des vieux chevaux, qu'ils les tiennent dans une crainte continuelle du fouet, afin qu'étant toujours en mouvement, on ne puisse apprécier les défauts de construction ou les tares qui les affectent, etc.

Il faut donc apporter à cet examen un imperturbable sang-froid et la ferme résolution de juger soi-même, en se gardant bien d'avoir trop de prévention pour ou contre le cheval qu'on examine.

L'acquisition des chevaux de remonte étant soumise aux lois, réglemens et coutumes qui constituent la jurisprudence commerciale de la vente des bestiaux et animaux domestiques, il est nécessaire d'avoir quelques notions à ce sujet.

Tout vendeur est tenu de la *garantie* envers l'acheteur, c'est-à-dire qu'il lui doit la possession paisible de l'animal vendu, et la garantie qu'il est exempt de défauts cachés qui le rendraient impropre à l'usage auquel on le destine. La garantie est *de droit* ou *naturelle*, lorsque les vices ou défauts, que l'on appelle alors *cas redhibitoires*, sont déterminés par la loi, par la coutume ou l'usage de l'endroit où se fait la vente.

La garantie est *de fait* ou *conventionnelle*, lorsqu'elle résulte d'une stipulation ou convention faite par écrit ou prouvée par témoins entre l'acheteur et le vendeur.

Les cas redhibitoires les plus ordinaires sont la morve, la pousse et la courbature; en Normandie le cornage est aussi cas redhibitoire, et sur le marché de Paris le *tic* apercevable à l'usure des dents, l'*immobilité* et l'*épilepsie*, ainsi que certains vices de méchanceté, sont rangés dans la même catégorie. Dans le midi de la France en général, la *fluxion périodique* est sujète à la garantie pendant quarante jours.

Les diverses boiteries non apercevables au moment de la vente, et celles surtout qu'on appelle de *vieux-mal*, peuvent se trouver au nombre des cas redhibitoires, d'après les dispositions du code civil.

Lorsqu'il y a stipulation par écrit que les

animaux vendus sont *sains* et *nets*, la redhibition a lieu pour les vices même les plus apparens, tels que la boiterie, l'aveuglement, etc.

Quand on fait un marché pour plusieurs chevaux réunis, la redhibition prononcée pour un entraîne la reddition des autres, à moins qu'un prix particulier n'ait été stipulé pour chaque cheval.

Toute stipulation par écrit, faite pour obtenir la garantie conventionnelle, doit contenir, pour éviter toute difficulté en justice :

1° Le nom, les qualités et la demeure du vendeur ;

2° Ceux de l'acheteur ;

3° Le signalement de l'animal le plus exact possible, afin qu'en cas de visite d'experts le signalement qui en est fait se trouve conforme à celui de la reconnaissance et ne puisse donner lieu d'en nier l'identité ;

4° Le prix de la vente en toutes lettres ;

5° Le nom du lieu où elle s'est faite :

6° La date précise aussi en toutes lettres;

Dès qu'on veut faire valoir les cas redhibitoires, ce qui doit se faire dans les délais fixés par la loi ou les coutumes, le cheval doit être mis en fourrière et l'on doit cesser totalement de s'en servir, ou d'en faire aucun emploi que le vendeur pourrait regarder comme un acte de prise de possession.

Dès qu'un cheval est reçu, il faut établir son signalement, et le mettre au régime hygiénique convenable à son état de santé actuel et au régime qu'il suivait auparavant.

On forme des ordinaires suivant le degré d'appétit des chevaux, tâchant de satisfaire à celui des gros mangeurs sans nuire aux autres. On fait mettre à part ceux qui souffriraient de vivre en commun.

On doit donner une attention soutenue à la ferrure, aux soins du pansage, leur faire faire un exercice modéré, et les familiariser déjà avec les hommes, les objets et les actions que le service doit leur présenter.

Il y a deux manières de conduire les remontes au régiment : ou chaque homme conduit un ou deux chevaux, ou un seul homme en mène plusieurs à la suite les uns des autres, comme le font les marchands.

Dans le premier cas, on ne permet pas de monter sur les chevaux faibles ou souffrans, on veille à ce que les couvertes ou surfaix ne blessent pas ceux qui sont montés, et l'on fait souvent descendre le cavalier. Ceux conduits en main doivent être menés alternativement à droite et à gauche.

Pour la seconde manière, à laquelle les hommes et les chevaux doivent être exercés nécessairement avant le départ, on forme des espèces de chaînes d'un certain nombre

de chevaux, au moyen de longes et de barres qui les maintiennent à distance, afin qu'ils
ne puissent ni se mordre ni se donner des
coups de pied ; les plus vigoureux et les plus
ardens sont mis à la fin de chaque chaîne.
Une fois en marche, jamais un conducteur
ne doit s'arrêter, et, s'il rencontre quelques
obstacles, il doit tourner sur place, afin de
tenir les chevaux en mouvement et les empêcher de se blesser.

Avant le départ et après l'arrivée de chaque jour, on doit s'assurer des accidens qui
ont pu survenir, afin de prescrire les soins
nécessaires pour y remédier. On fait mettre
des bourrelets aux chevaux qui se coupent,
donner du miel à ceux qui toussent, entou-
rer d'une peau de mouton les ganaches engorgées par les gourmes, soigner les plaies
occasionnées par la castration ou d'autres
causes, veiller surtout à ce que la ferrure
soit en bon état. On forme quelquefois une
espèce d'ambulance des chevaux qui suivent
avec peine ; on la met sous la surveillance
du vétérinaire ou d'un sous-officier qu'on
juge capable de cet emploi. On ne doit laisser de chevaux en arrière que lorsqu'on y
est absolument forcé, et en remplissant toutes les formalités prescrites par les réglemens pour assurer les soins et la nourriture
des chevaux ainsi détachés.

§. II. *Des signalemens.*

Signaler un cheval, c'est le décrire suffisamment pour le distinguer de tout autre et pouvoir le reconnaître en toute circonstance. Il y a deux sortes de signalemens, *le signalement simple* ou *de reconnaissance*, et *le signalement composé* ou *d'appréciation*.

Les signalemens de reconnaissance, destinés simplement à constater l'identité du même individu, doivent être précis, courts et clairs. On choisit en conséquence, entre les caractères extérieurs, ceux qui sont le moins susceptibles de varier : tels sont les particularités des robes plutôt que la nuance précise de la robe même. Ensuite, loin de se croire limité par le langage convenu, il faut dire les choses comme elles se trouvent, et comme chacun les voit.

Voici l'ordre dans lequel on place habituellement les diverses parties d'un signalement : le nom, le sexe, l'âge, la taille, la robe, les particularités et les observations.

On indique si la taille a été prise à la chaîne. On ne l'indique pas pour la mesure à la potence ; mais il est à remarquer que, pour prendre ainsi la mesure du cheval, au lieu de lui élever la tête, comme on le fait habituellement, il serait préférable de la lui faire baisser, ce qui dégage les vertèbres les

plus saillantes et fait ressortir le point d'élévation réelle du garrot.

Les signalemens d'*appréciation* doivent
contenir d'abord les mêmes détails que ceux
de reconnaissance ; on y ajoute ensuite quelle
est la conformation du cheval, son origine
et sa race ; quelles sont ses tares et son degré
d'usure, à quel service il est propre, ce qu'il
peut acquérir ou perdre par le travail et l'instruction ; enfin, on termine par les observations auxquelles il peut donner lieu sous
quelque rapport qu'on l'envisage.

§. III. *Instruction des jeunes chevaux.*

(Art. 8 du titre 1er de l'ordonnance du 6 décembre 1829.)

Les chevaux de remonte ne sont pas montés immédiatement après leur arrivée au
corps, ils sont seulement promenés en main
par des cavaliers montés sur des chevaux
faits ; si l'on est en hiver, on choisit, pour
cette promenade, le moment le moins froid
de la journée. On a l'attention de les tenir en
main tantôt à droite, tantôt à gauche.

Lorsque les chevaux sont bien remis des
fatigues de la route, on les monte pour les
promener.

Ces promenades se font *au pas*, les cavaliers n'exigeant de leurs chevaux que de suivre ceux qui les précèdent dans la colonne.

Les chevaux, ainsi habitués à supporter le
poids du cavalier, on les accoutume, dans

les écuries, à se laisser seller, lever le pied, frapper sur le fer, etc., observant, si un cheval fait des difficultés, d'user toujours de douceur pour le guérir de son inquiétude.

Les chevaux doivent être dociles au montoir, marcher sur la ligne droite et sur la ligne circulaire à toutes les allures, reculer, faire quelques pas de côté à droite et à gauche, endurer la pression du rang, sauter le fossé, la barrière; ne pas s'effrayer du bruit des armes, du flottement des étendards et des flammes de lances.

Pour dresser un jeune cheval, il faut observer, comme règles générales, et sans lesquelles cette instruction réussira difficilement :

1° De ne jamais manquer de patience et de ne corriger, dans aucun cas, par un mouvement de colère;

2° De ne rien exiger qui soit au-dessus des forces de l'animal, lui donnant des leçons courtes, qu'il suive, qu'il entende bien avant de passer à d'autres;

3° De ne demander que le moins possible et toujours par degrés, ne rendant qu'après avoir obtenu ce qu'on exige du cheval, mais aussi lui donnant, immédiatement après, la récompense due à son obéissance et à sa docilité;

4° De se servir toujours des mêmes moyens pour obtenir la même action, afin de ne pas mettre le cheval dans le cas de les confondre, ce qui le rendrait incertain;

5° De ne jamais entreprendre de corriger deux défauts à la fois, car on risquerait de le faire se défendre, dans la contrainte où on le mettrait;

6° D'avoir sans cesse égard à la force, à la souplesse, au caractère, aux habitudes, à la franchise, à la mémoire, à la conformation, pour exercer conséquemment aux dispositions qu'on aperçoit dans le sujet qui travaille.

Afin d'éviter les répétitions, cet article ne présente que les détails qui concernent le cheval, et l'on se conforme, pour les commandemens et l'exécution de tous les mouvemens, à ce qui est prescrit aux ÉCOLES DU CAVALIER ET DU PELOTON, ayant l'attention de suivre de point en point la progression de ces écoles; mais en rapportant tout à l'instruction du cheval,

PREMIÈRE LEÇON.

Les chevaux sellés et en bridon sont placés sur un rang et à trois pas l'un de l'autre.

La leçon du montoir se donne cheval par cheval, l'instructeur le tenant par les deux rênes du bridon; le cavalier caresse le cheval en l'abordant, met le pied à l'étrier avec précaution; s'enlève sans à-coup, arrive très-légèrement en selle et le caresse encore; à mesure que le cheval montre plus de calme, le cavalier reste plus long-temps sur l'étrier, et successivement monte à cheval et met pied à terre, du côté gauche et du côté droit, afin d'augmenter de plus en plus la soumission du cheval.

Pour faire connaître au cheval l'effet des rênes, le cavalier doit ouvrir les rênes sans à-coup, mais franchement, de manière à ne lui laisser aucune incertitude sur ce qu'il exige de lui.

Pour lui faire connaître l'effet des jambes, le cavalier a deux gaules, une dans chaque main; elles sont d'un bois souple et liant, et assez longues pour atteindre le cheval derrière les sangles, précisément à l'endroit où les jambes se ferment. Il faut commencer par fermer les jambes par degrés, et, si le cheval n'obéit pas, user aussitôt des gaules, en augmentant progressivement la force du coup, jusqu'à ce que le cheval s'habitue à partir à la seule pression des jambes ; alors on ne fait plus usage des gaules que lorsque le cheval montre de l'incertitude.

Pour faire tourner le cheval, il faut ouvrir franchement la rêne du côté vers lequel il doit tourner, et fermer la jambe du même côté ; si le cheval n'obéit pas à la pression de la jambe, employer la gaule de ce côté ; le mouvement presque fini, diminuer l'effet de la rêne et de la jambe, en soutenant de la rêne et de la jambe opposées.

Il faut, les premières fois, faire décrire au cheval des arcs de cercle plus grands, et peu à peu l'amener à tourner sur les arcs de cercle prescrits dans la première leçon.

Ces instructions étant bien comprises, on commence le travail.

On ne fait pas exécuter le travail de pied ferme indiqué dans la première leçon de l'*Ecole du cavalier*, mais on exécute la marche en colonne sur la piste, comme dans la deuxième partie de cette leçon ; l'instructeur a soin de placer en tête un cheval dressé, et les cavaliers conservent trois pas de distance de tête à croupe, afin de pouvoir mieux conduire leurs chevaux.

Les cavaliers doivent, en commençant, mettre beaucoup de souplesse dans leur position et de liant dans leurs mouvemens, afin de ne pas rebuter les chevaux déjà contraints par un poids auquel ils ne sont pas habitués. On ne doit pas encore exiger que les chevaux marchent bien droit, on se contente de leur faire connaître les rênes et les jambes en les redressant sur la ligne droite, quand ils s'en écartent trop, et en se servant des moyens prescrits pour le passage des coins.

Ce premier travail s'exécute *au pas* seulement, pour le rendre plus facile au cheval.

C'est surtout dans l'exécution des *à-droite*, des *à-gauche*, des *demi-tours à droite* et *à gauche*, que les cavaliers doivent se servir avec précision des rênes et des jambes, pour bien les faire connaître au cheval.

Pour faire reculer le cheval, après avoir mis pied à terre, l'instructeur se place en face du cheval, saisit une rêne de chaque main, et, portant les poignets en avant, fait agir le mors du bridon.

Si le cheval fait des difficultés pour reculer, l'instructeur, saisissant les deux rênes de la même main, de l'autre le touche doucement avec une gaule sur les jambes de devant, le caresse aussitôt qu'il a obéi, et l'arrête après deux ou trois pas. On ne doit pas chercher à le faire reculer droit.

Pendant les premiers jours le travail doit être court et coupé par des repos fréquens.

Dans les momens de repos, on répète la leçon du montoir, et, lorsque le cheval ne bouge plus, le cavalier le monte ou en descend sans que l'instructeur le tienne ; si un cheval fait des difficultés, il faut recommencer à le tenir jusqu'à ce qu'il soit calme, cherchant à lui donner de la confiance, et se gardant bien de le maltraiter, ce qui ne ferait que l'inquiéter davantage.

Après quelques jours de travail, on s'attache à maintenir le cheval droit, et l'on exige plus de précision dans le passage des coins, ainsi que dans tous les mouvemens et changemens de direction, mais *au pas* seulement.

Le cavalier commence à restreindre un peu le mouvement des rênes et à diminuer l'usage des gaules, afin que le cheval s'habitue de plus en plus à n'obéir qu'aux *aides*.

Quand le cheval marche d'aplomb sans s'abandonner, et qu'il obéit passablement aux mains et aux jambes, l'instructeur le fait passer à un *trot* modéré ; mais, à cette allure, les reprises doivent être courtes pour ne pas mettre les chevaux hors de leur aplomb ni les essouffler.

On ne doit pas d'abord exiger, dans la position du cheval et dans ses mouvemens *au trot*, la même précision qu'*au pas* : elle ne s'obtient que par degrés.

On exerce les chevaux à reculer étant montés ; les cavaliers doivent agir avec beaucoup de douceur, se bornant, pour les premières fois, à leur faire faire deux ou trois pas en arrière très-lentement, sans exiger qu'ils reculent droit.

Toutes les fois qu'un cheval a obéi, il faut avoir la main légère et le caresser.

IIᵉ LEÇON.

Les chevaux sellés et en bridon sont placés sur un rang à trois pas l'un de l'autre.

Les chevaux obéissant suffisamment aux aides, on ne fait plus usage des gaules, mais il reste à leur faire connaître l'éperon ; on ne doit l'employer que lorsque le cheval n'a pas obéi aux jambes. Dans ce cas, le cavalier, s'étant conformé à ce qui est prescrit n° 524, pince des deux vigoureusement à l'instant même où le cheval commet la faute, en même temps il rend la main, sauf à replacer le cheval sur la piste, s'il s'en écarte. Il ne faut jamais lui faire sentir les éperons mal-à-propos, mollement ni l'un après l'autre, pour ne pas donner au cheval l'habitude de ruer à la botte.

On commence à exiger que les chevaux marchent bien droit sur la ligne droite, et qu'ils soient légèrement ployés en tournant à droite ou à gauche. On les fait ensuite trotter alternativement aux deux mains, en s'occupant de leur donner une allure franche et réglée.

Les chevaux ayant acquis de la souplesse et de l'assurance, les reprises *au trot* doivent être plus fréquentes et plus longues ; et l'on doit répéter à cette allure tous les mouvemens et changemens de main exécutés *au pas.*

L'oblique de pied ferme n'est point exécuté.

Lorsque les chevaux travaillent bien sur la ligne droite, on commence à les mettre sur le cercle, et on leur fait exécuter progressivement quelques tours à chaque main, d'abord *au pas*, puis *au trot*. Les chevaux travaillant en cercle doivent avoir la position détaillée n° 356.

On fait exécuter les *à-droite*, les *à-gauche*, les *demi-tours à droite* et les *demi tours à gauche*, et l'on confirme ainsi les chevaux dans la connaissance des rênes et des jambes.

A la fin des reprises, les chevaux étant alors plus calmes et plus obéissans, on les fait passer successivement de la tête à la queue de la colonne, ayant soin de donner cette leçon avec de grands ménagemens et de ramener sur la piste, avec douceur, les chevaux qui, malgré toutes les précautions, chercheraient à la quitter.

Cette leçon est répétée en prenant indistinctement les chevaux dans le centre de la colonne.

On ne fait pas encore partir de pied ferme *au trot*, ni arrêter en marchant à cette allure.

Les chevaux soutenant bien l'allure du trot, on leur fait alonger *le trot*, mais pendant un ou deux tours au plus, afin de ne pas les *mettre sur les épaules* ni hors de leur aplomb.

On leur fait faire ensuite un ou deux tours au plus *au galop*, seulement pour leur donner la première connaissance de cette allure, essayer leur force et augmenter leur souplesse, sans s'inquiéter s'ils sont *justes au départ*.

Les jeunes chevaux, en partant *au galop*, ont de la propension à fuir ; les cavaliers doivent chercher à les calmer, évitant surtout de les trop rechercher.

Enfin on leur apprend à faire quelques pas de côté, comme il est prescrit n° 351.

Cet exercice, étant difficile pour le cheval, exige beaucoup de douceur et de patience de la part de l'instructeur ; quelques mouvemens de l'avant-main à droite et à gauche, un pas ou deux sur le côté, suffisent pour une première fois.

Si un cheval fait des difficultés, l'instructeur commence par lui montrer la chambrière, et si cela ne suffit pas, il la lui fait légèrement sentir derrière les sangles ; le cheval ayant obéi, il le caresse.

On répète le travail *du reculer*, mais on est plus exigeant, et, si le cheval se traverse, on le redresse avec ménagement.

Dans les momens de repos, les cavaliers étant en colonne ou sur un rang, à trois pas l'un de l'autre, l'instructeur fait *mettre pied à terre et monter à cheval* alternativement du côté droit et du côté gauche.

IIIᵉ LEÇON.

Les chevaux, pour cette leçon, sont bridés.

Le travail de pied ferme prescrit nº 363 et suivans n'est point exécuté.

Les chevaux marchant sur la piste, on s'occupe d'abord de les habituer à la pesanteur du mors ; à cet effet, le cavalier conduit son cheval avec le filet seulement, qu'il tient de la main droite, par le milieu, ayant soin de *rendre* les rênes de la bride, de manière à ne pas faire agir le mors.

Quand le cheval ne témoigne plus aucune inquiétude, on commence à lui faire connaître les effets du mors.

Toutes les fois qu'il y a un coin à passer, on rassemble son cheval en se servant du filet : le cheval ayant obéi et étant déterminé à droite ou à gauche, on *rend* du filet et l'on achève le mouvement avec la main de la bride ; si le cheval montre encore de l'hésitation, on rend aussitôt de la main de la bride et on reprend avec le filet.

Le filet, employé de la sorte au passage des coins et dans tous les changemens de direction, fait connaître peu à peu au cheval l'effet du mors, et insensiblement on restreint l'usage du filet pour parvenir à le conduire avec la main gauche seulement.

L'effet du mors étant beaucoup plus fort que celui du filet, les mouvemens de la main gauche doivent aussi être plus progressifs et moins prononcés.

Dans tous les mouvemens difficiles, comme *sortir de la colonne, appuyer,* etc., si l'instructeur s'aperçoit que les chevaux sont indécis, il fait reprendre le filet aux cavaliers.

IVe LEÇON.

Les chevaux étant parfaitement dociles au montoir et sachant bien reculer, on fait *monter à cheval* et *mettre pied à terre* sur deux rangs, comme aux n°s 277, 501 et 502.

Le travail est le même que dans les leçons précédentes, mais les cavaliers sont armés. Ils ont le mousqueton à la botte et le sabre dans le fourreau ; à mesure que les chevaux s'y habituent, on fait mettre le mousqueton au crochet et le sabre à la main.

On fait exécuter ensuite le maniement des armes, d'abord de pied ferme, puis en marchant *au pas* et *au trot,* comme à la 4e leçon de l'*École du cavalier,* employant toujours la plus grande douceur pour y habituer les chevaux par degrés.

Moyens pour habituer les chevaux à sauter le fossé et la barrière.

A la fin de la leçon, et avant de reconduire les chevaux à l'écurie, on les exerce à sauter le fossé et la barrière.

Ce travail demande beaucoup de précaution et de ménagement. On fait exécuter le saut du fossé avant celui de la barrière, qui est plus difficile.

Pour les premières fois, le fossé doit être étroit et peu profond, et la barrière peu élevée.

On commence toujours par faire sauter les chevaux en main, ayant l'attention de mettre en tête un cheval déjà habitué à cet exercice.

Pour éviter aussi que le cheval ne s'arrête court, comme il arrive souvent, on le fait passer d'abord à côté du fossé et par-dessus la barrière abattue, afin qu'il connaisse d'avance l'obstacle qu'il doit franchir.

Ces précautions prises, le cavalier tient l'extrémité des rênes de la bride avec la main droite, et court au fossé ou à la barrière, qu'il franchit le premier ; l'instructeur suit le cheval, lui montre la chambrière et la fait claquer dans le même moment pour le déterminer ; le cavalier le caresse après qu'il a sauté.

Si un cheval fait des difficultés, l'instructeur le détermine avec la chambrière, en y mettant beaucoup de patience, mais ne permet jamais qu'il rentre à l'écurie sans avoir sauté.

Les chevaux ne doivent sauter qu'une fois

où deux au plus par jour ; ce travail, trop réitéré, finirait par les rebuter.

On ne doit faire sauter le cheval monté que lorsqu'il a sauté en main et sans indécision. A cet effet, chaque cavalier, en arrivant au fossé ou à la barrière, détermine son cheval comme il est prescrit n° 427 et suivans.

Lorsqu'un cheval refuse d'obéir, il faut reprendre du terrain pour essayer de nouveau à le faire sauter, le mettant, au besoin, à quelques pas en file derrière un autre cheval qui saute franchement ; l'instructeur le suit pour le déterminer avec la chambrière, et si, malgré toutes les précaution, le cheval refuse encore de sauter, il fait mettre pied à terre au cavalier, fait de nouveau sauter le cheval en main, et ne le fait remonter que lorsqu'il saute sans indécision.

Réunion des jeunes chevaux en peloton.

Pour habituer les jeunes chevaux à la pression du rang et aux mouvemens qu'ils doivent exécuter en troupe, on suit la progression des quatre articles de l'*Ecole du peloton*, en se conformant à ce qui suit :

On ne prend pas d'abord d'alignemens successifs de pied ferme avec les jeunes chevaux, parce que généralement ils ne sont pas encore assez calmes.

Dans les formations, les cavaliers doivent

maintenir leurs chevaux droits, et s'aligner à mesure qu'ils arrivent; mais, une fois dans le rang et arrêtés, ils ne doivent plus les rechercher pour les remettre droits ni pour se rapprocher, parce que les jeunes chevaux sont inquiets d'être *rassemblés* trop longtemps, et se défendent presque toujours.

En commençant à marcher par deux, par quatre et par peloton, les cavaliers doivent conserver beaucoup d'aisance, éviter de se serrer et même de se rapprocher botte à botte, se relâcher beaucoup des cuisses et des jambes, exiger peu de leurs chevaux, et calmer ceux qui s'animent, en *arrêtant* et *rendant*.

Lorsque les chevaux sont calmes et qu'ils marchent sans ardeur, les cavaliers se rapprochent botte à botte, sans pourtant se serrer, et alors seulement on observe avec plus d'exactitude les distances, les directions et l'alignement.

On a l'attention de placer sur les ailes les chevaux pour qui la pression du rang est plus pénible, et peu à peu on les rapproche du centre, où la pression se fait sentir davantage.

Dans la marche en colonne et en bataille, on s'occupe à rendre les allures égales et régulières, évitant de trop multiplier les ruptures et les formations, jusqu'à ce que les chevaux soient parfaitement dressés.

On fait converser par peloton , mais ces mouvemens sont fréquemment entrecoupés de marches directes , afin de calmer les che - vaux pour lesquels la pression devient quel- quefois trop forte ; l'allure des chevaux pla - cés du côté du pivot étant ralentie , ils s'en- nuient d'être ainsi retenus par la main du cavalier , et presque toujours ils se défen-- dent quand on les fait converser long-temps et souvent.

On exécute , *au pas* seulement , les *à- droite*, les *à-gauche* , les *demi-tours à droite* , les *demi - tours à gauche par quatre* , ayant l'attention de ne pas trop les multiplier.

On fait galoper par deux , par quatre et par peloton , mais les reprises sont courtes ; on ne fait exécuter aucun autre mouvement à cette allure.

Les jeunes chevaux ne sont pas exercés à la charge.

Les derniers jours de leur instruction , ils sont montés avec armes et bagages ; si quelque cheval inquiété par le porte-manteau rue et se défend , on l'éloigne de la troupe , et on l'habitue peu à peu au porte-manteau , en le montant à part , et en le laissant char- gé à l'écurie , pendant une heure ou deux par jour.

Lorsque les jeunes chevaux sont suffisam- ment dressés , et quelques semaines avant de les faire entrer à l'escadron , on leur fait exécuter les diverses formations de *l'É-cole du peloton* aux allures vives , mais en usant très-modérément de celle du *galop.*

Moyens pour habituer les chevaux aux feux et aux bruits de la guerre.

On fait monter avec les jeunes chevaux quelques chevaux dressés et sages au feu ; vers la fin du travail , les cavaliers qui montent ces derniers s'éloignent de quelques pas et tirent des coups de pistolet pendant que les autres continuent de marcher sur la piste , les cavaliers ayant soin de calmer et de caresser ceux qui s'animent ou qui s'effraient.

On emploie ce moyen pendant quelques jours , les cavaliers se rapprochant de plus en plus , et finissant par tirer dans l'intérieur du carré ; on fait ensuite tirer en retournant au quartier , d'abord derrière la colonne , puis vers le centre et enfin à la tête de la colonne , en lui faisant face à quelques pas.

On met dans les commencemens un peu d'intervalle d'un coup de pistolet à l'autre , et l'on tire plus fréquemment à mesure que les chevaux deviennent plus tranquilles , en évitant qu'ils ne soient piqués par les grains de poudre.

Lorsque les jeunes chevaux commencent à s'habituer au bruit des armes , les cavaliers qui les montent , ayant chargé leurs pistolets dans l'intervalle des reprises , font feu l'un après l'autre , à l'avertissement de l'instructeur.

Cette leçon doit être donnée avec précaution , en observant de suspendre le feu quand les chevaux s'animent ; lorsqu'ils deviennent plus tranquilles , on répète les coups de pistolet plus fréquemment. On fait ensuite tirer avec les mousquetons.

S'il se trouve des chevaux assez inquiets pour mettre habituellement le désordre parmi les autres, il faut les faire rentrer à l'écurie : on s'occupe alors matin et soir de les habituer séparément et peu à peu au bruit des armes. A cet effet on les mène en main dans la carrière où l'on fait tirer quelques coups de pistolet, en les caressant pour les calmer et leur donnant ensuite de l'avoine. D'abord on fait tirer de loin , et peu à peu de plus près. Quand les chevaux s'y habituent on les remet avec les autres pour recevoir, étant montés, les mêmes leçons.

Lorsque les chevaux ne sont plus effrayés des coups de mousqueton ou de pistolet tirés l'un après l'autre, on les réunit à l'extrémité de la carrière ; on les fait marcher en avant et approcher doucement d'hommes à pied placés à l'autre extrémité, qui font feu ensemble plusieurs fois de suite ; quand ils sont à 50 pas, on cesse de tirer, et les chevaux continuent de marcher jusqu'à ce qu'ils arrivent sur les hommes à pied , alors on les arrête et on les caresse.

L'instructeur en chef assiste toujours à cette leçon , afin de s'assurer qu'elle est donnée avec soin , et qu'elle n'occasionne aucun désordre.

On habitue aussi les jeunes chevaux au maniement des armes , au flottement des étendards , des drapeaux , des flammes de lances , au bruit du tambour , et enfin à tous les bruits de guerre , toujours à la fin du travail , en suivant la même progression , et en employant les mêmes moyens de douceur.

Chevaux difficiles à dresser.

Les jeunes chevaux opposent souvent des résistances dont il est bon de connaître la cause pour y remédier.

Les uns sautent de gaîté ou par trop d'ardeur ; il faut, sans les maltraiter, les ramener doucement sur la piste, les calmer en arrêtant et rendant moelleusement, et se servant très-peu des jambes.

Les autres sautent par malice et pour désarçonner leur cavalier ; il faut leur faire sentir tous les degrés d'aide pour les remettre, employant le châtiment comme dernière ressource, parce que, trop prompt ou trop fréquent, il rendrait les chevaux plus difficiles.

Quant aux chevaux qui s'arrêtent et qui

refusent d'avancer, cela peut provenir de faiblesse, de peur ou d'entêtement.

Si c'est de faiblesse, ce qu'indiquent suffisamment la conformation du cheval et la manière dont il travaille, il faut proportionner le travail à ses moyens.

Si c'est de peur, il faut le conduire doucement sur l'objet qui l'effraie, l'arrêtant de temps en temps avant d'y arriver, rendant la main, appelant de la langue, et lui donnant de la confiance par tous les moyens possibles. Arrivé enfin sur l'objet, on le lui laisse flairer pour qu'il voie bien qu'il n'a rien à craindre, et on le caresse. Il faut, dans tous les cas, se garder de punir le cheval peureux, ce qui ne ferait qu'augmenter le mal.

Enfin, si c'est par entêtement, il faut, après avoir employé tous les moyens de douceur, se servir de la chambrière, l'éperon portant souvent le cheval à se défendre davantage : c'est à l'instructeur, qui connaît le cheval, à en prescrire ou en défendre l'usage.

Il y a des chevaux qui ont l'habitude de se cabrer. Le cavalier doit, sans déranger son assiette, porter le haut du corps en avant, et ne pas s'attacher aux rênes, ce qui peut faire renverser le cheval, mais, au contraire, rendre la main, et faire sentir l'effet des jambes.

Il en est d'autres qui ont le défaut de ruer.

Le cavalier doit porter le corps un peu en arrière sans se roidir, élever la main pour empêcher le cheval de mettre la tête entre les jambes, et le déterminer à se porter en avant, en fermant les jambes.

Il est rare qu'un cheval rue droit ; il jette presque toujours la croupe à droite ou à gauche. Le cavalier, tout en se conformant à ce qui est dit ci-dessus, doit sentir plus fortement la rêne du côté vers lequel le cheval rue, afin *d'opposer les épaules aux hanches*.

Lorsqu'un cheval veut ruer en marchant, on s'en aperçoit au ralentissement de ses jambes de devant. On peut de même, par le ralentissement de ses jambes de derrière, prévoir que le cheval veut se cabrer.

Quand les chevaux ont résisté à tous les moyens de douceur et aux châtimens, on a recours à la leçon de la longe.

Leçon de la Longe.

Cette leçon très-difficile exige beaucoup de ménagemens, afin de ne pas user le cheval en voulant le réduire ; elle doit durer une demi-heure ou trois quarts d'heure au plus, et les repos doivent être fréquens.

Le caveçon sert, dans le travail en cercle, à modérer l'allure du cheval, à le rapprocher du centre. Il peut être également employé à réprimer ses fautes.

Avec la chambrière on accélère le train du cheval, on l'éloigne du centre et on le corrige.

L'instructeur s'aide alternativement de la chambrière et du caveçon pour vaincre la résistance du cheval ; mais il doit bien se garder de se servir des deux à la fois ni d'en abuser, l'abus du caveçon portant le cheval à se défendre et le mettant sur les jarrets ; celui de la chambrière pouvant le rebuter et le rendre rétif.

La longe doit être tenue assez longue, pour ne pas fatiguer le cheval en le forçant à travailler sur un cercle trop resserré.

Il faut mettre au cheval un bridon d'abreuvoir, et placer le caveçon de manière qu'il ne gêne pas la respiration.

Un instructeur et un sous-instructeur sont nécessaires pour donner cette leçon ; le sous-instructeur tient la longe et se place au centre. L'instructeur, pour acheminer le cheval sur le cercle, le conduit par la rêne du dedans, tenant la chambrière de la main opposée et derrière lui ; il marche avec le cheval aussi long-temps qu'il est nécessaire ; à mesure que le cheval marche avec plus de confiance, il s'en éloigne, tenant la longe de la main droite (en marchant à main droite) et la chambrière de la main gauche, jusqu'à ce qu'il soit à une égale distance du cheval et de celui qui tient la longe. Il accompagne toujours le cheval dans son mouvement, et se sert au besoin de la longe ou de la chambrière pour le maintenir sur le cercle et l'entretenir dans son allure.

Si le cheval s'arrête court lorsque l'instructeur s'est éloigné, s'il recule ou tire sur la longe et refuse de se porter en avant au bruit de la chambrière, il l'achemine de nouveau sur le cercle, pour lui faire mieux comprendre ce qu'il en exige.

En s'éloignant de nouveau, l'instructeur montre la chambrière au cheval, et la lui fait même sentir entre l'épaule et le ventre s'il est nécessaire; à mesure que le cheval marche avec plus de confiance, il lui donne plus de liberté.

Si, au lieu de trotter, le cheval galope, l'instructeur secoue légèrement la longe par un mouvement très-doux de la main; ces légères secousses doivent se donner horizontalement et non verticalement.

Après quelques tours, l'instructeur diminue le cercle, et tâche d'arrêter le cheval à la voix en le faisant venir à lui; dès qu'il a obéi il le caresse, lui fait faire quelques pas en arrière, et l'achemine sur le cercle, à l'autre main, avec les mêmes précautions.

A la fin de la leçon, et lorsque le cheval est plus docile, on le monte, non pour le faire travailler à la longe, mais pour en obtenir ce qu'il avait refusé de faire; il faut être peu exigeant si le cheval se soumet, le caresser, et lui ôter le caveçon.

Si, malgré toutes les précautions et la patience de l'instructeur, le cheval refuse encore d'obéir, on le remet à la longe avant de le renvoyer, et l'on continue ces leçons jusqu'à ce qu'il ne fasse plus de résistance.

Le travail à la longe peut aussi être employé (mais toujours avec beaucoup de ménagemens), pour donner de la souplesse aux chevaux qui en manquent.

ART. 3.

DES RÉFORMES.

Les défectuosités, les tares, les vices et les imperfections de toute espèce, auxquelles on a vu que le cheval est exposé, le mettent quelquefois dans un tel état que les services qu'il peut rendre ne sont plus équivalens aux dépenses qu'il occasionne.

Un tel cheval doit être réformé, à moins qu'il ne puisse encore être utilement employé à l'instruction des recrues.

L'âge et l'usure sont des causes de réforme naturelles : les causes accidentelles sont nombreuses et diverses.

L'âge ne doit pas faire réformer un cheval qui conserve une bonne santé, une marche sûre et une vigueur suffisante pour résister aux travaux.

Tout cheval blessé, dont la guérison dépendrait d'un traitement qui dépasserait la valeur du cheval lui-même, ou qui ne pourrait le remettre en état de suffire à son service, est susceptible d'être réformé.

Les tares et les maladies qui peuvent faire prononcer la réforme, sont toutes celles qui diminuent la sûreté et la durée de la marche, ou qui, affectant un ou plusieurs organes ou viscères intérieurs, déterminent dans les fonctions des changemens assez notables pour nuire à la vigueur du cheval. On peut énumérer les plus essentielles de ces causes maladives de réforme en suivant le tableau de l'article 1er titre 2 de la 5e partie du cours.

Les chevaux rétifs et ramingues sont aussi susceptibles d'être réformés, surtout lorsqu'ils sont méchants au point de devenir dangereux pour les cavaliers et pour les autres chevaux. On peut ranger dans cette catégorie les jumens attaquées de fureurs utérines à un degré excessif.

Les chevaux présentés pour la réforme, ne peuvent y être admis que sur l'autorisation de l'inspecteur-général, ou d'un officier général, d'un intendant militaire, etc., délégué à cet effet par le ministre.

La réforme ainsi prononcée, les chevaux sont ou abattus ou vendus : on les abat lorsqu'ils se trouvent atteints de maladies contagieuses incurables, ou de blessures, fractures, etc., jugées incurables par les artistes vétérinaires. Dans tous les autres cas de réforme, ils sont remis aux employés du domaine pour être vendus, et les régimens n'ont d'autres soins à prendre pour cette vente, que celui de conduire les chevaux au lieu où elle doit se faire.

FIN.

TABLE.

—

III* PARTIE. —Conservation du cheval.

TITRE I**. —Du cheval en santé.

TITRE II. —Du cheval malade.

IV* PARTIE. —Haras et remontes.

FIN DE LA TABLE.

Imprimerie de A. DEGOUY.

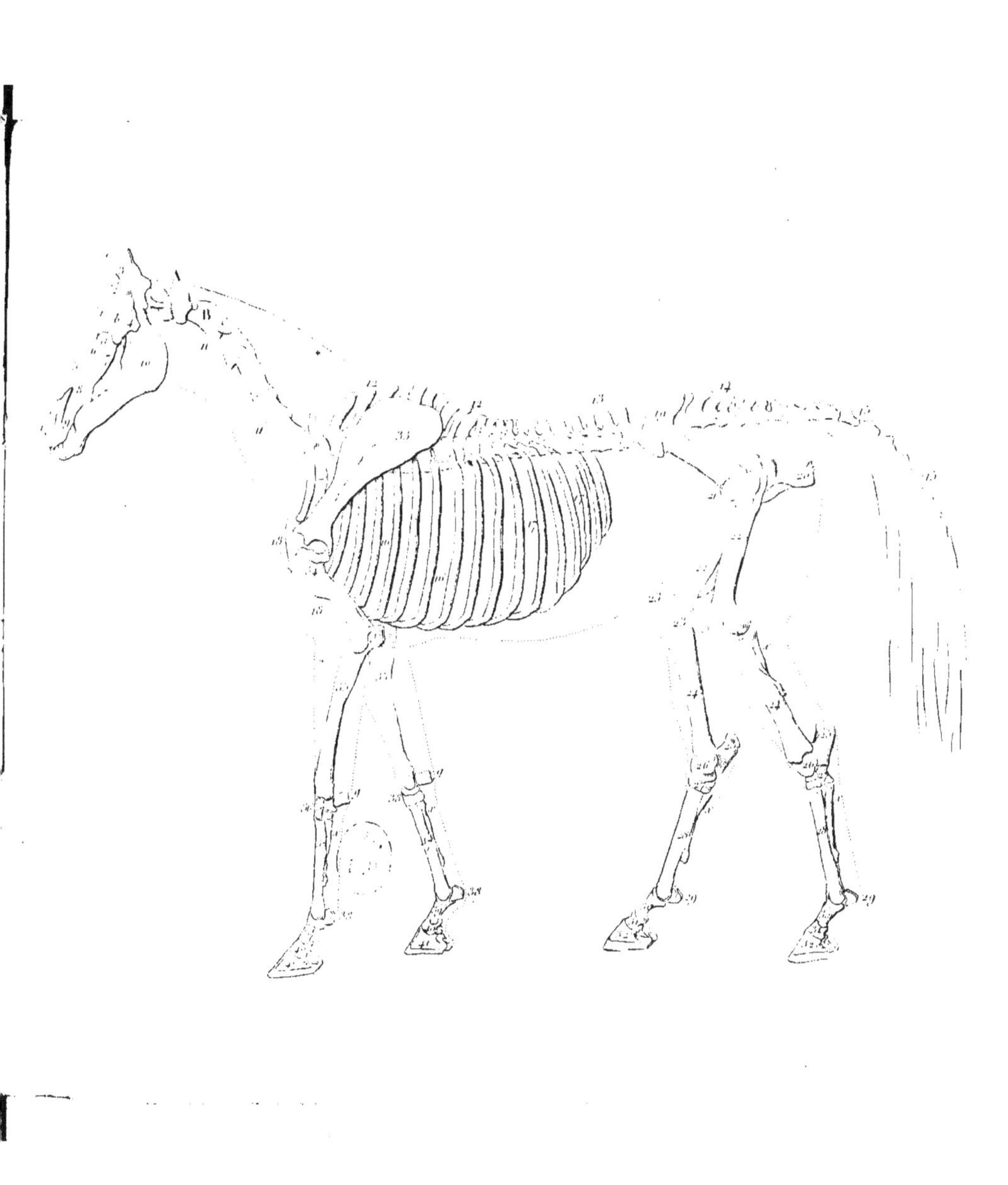

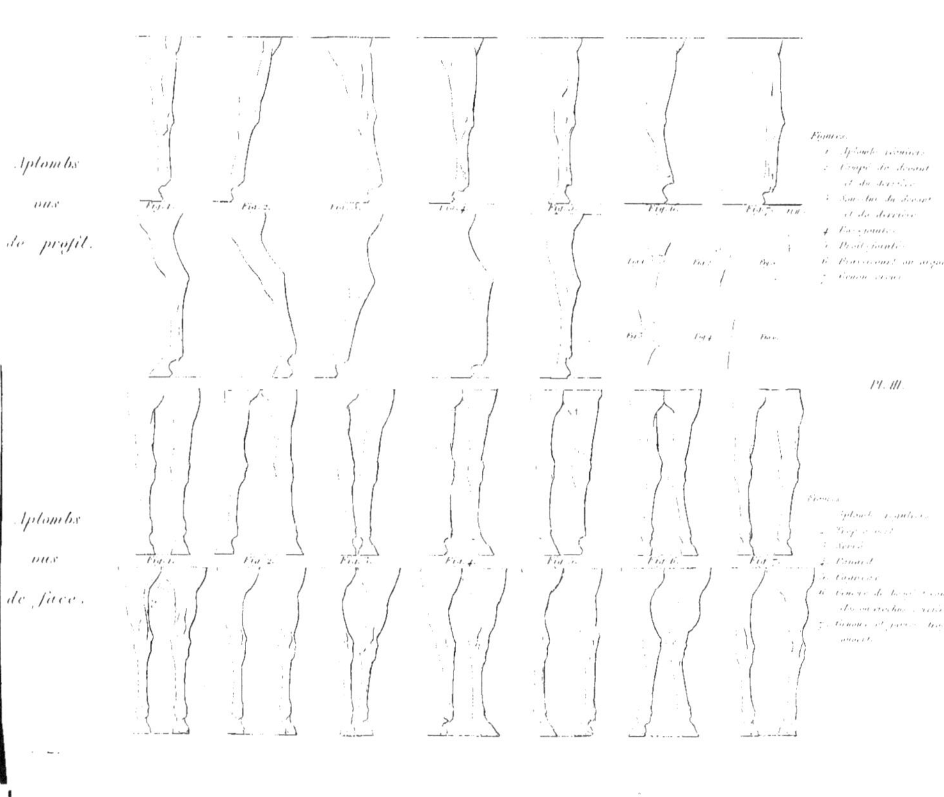

Aplombs
vus
de profil.
Aplombs
vus
de face.
Pl. III.

PRINCIPALES MESURES DES PROPORTIONS D'APRÈS BOURGELAT

A. Longueur totale de la tête
B. ... coupé à la commissure des lèvres
...

4 ans.
5 ans.
6 ans.
7 ans.
8 ans.
9 ans.
10 ans.
12 ans.
15 ans.
18 à 20 ans.
25 à 30 ans.
Bégu.
Vieilli.
Rajeuni.

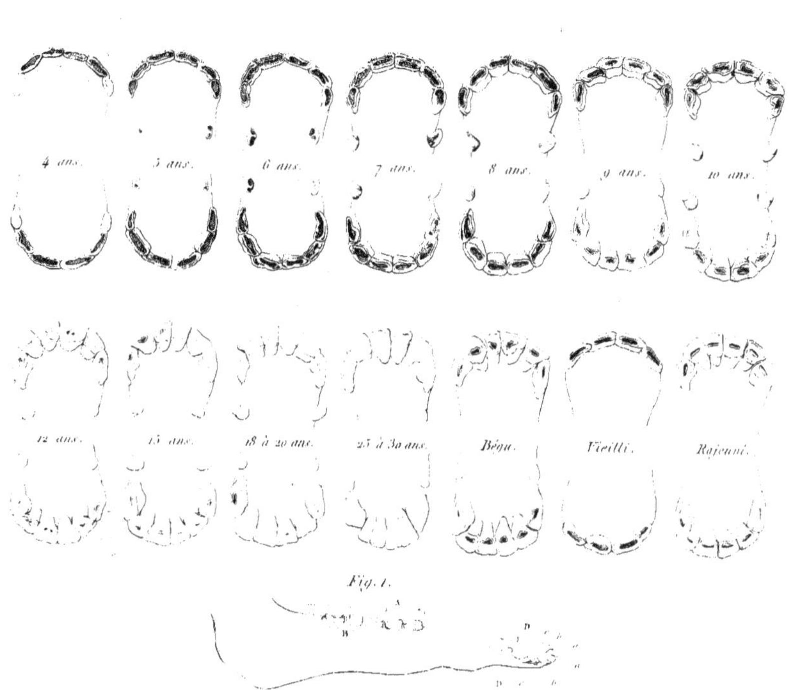

Fig. 1.

Fig. 1.   Fig. 4.   Pied coté en dessus.   *Pieds bien conformés.*   Fig. 7.   Fig. 9.

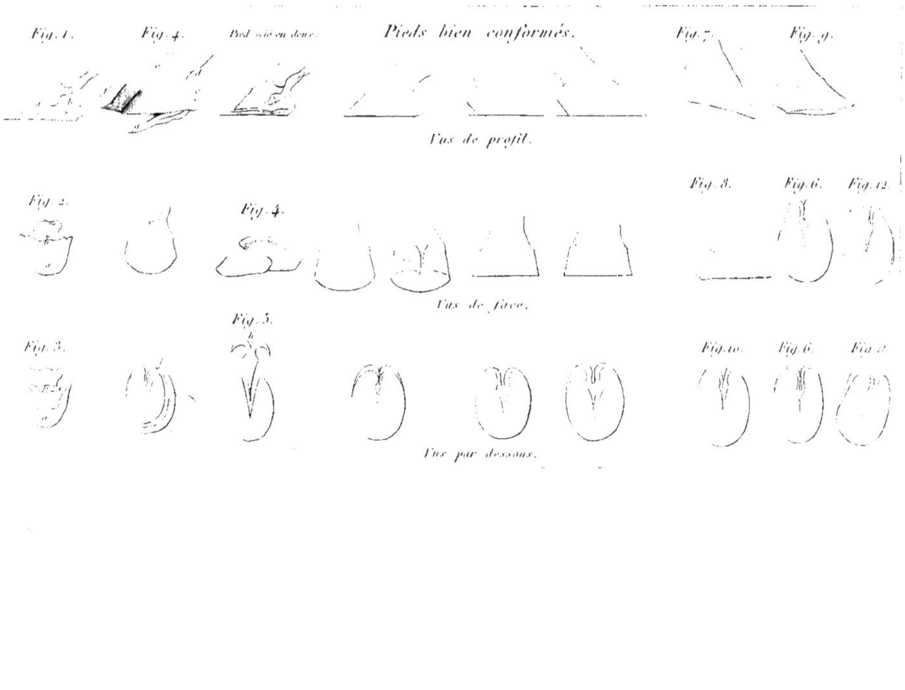

Vus de profil.

Fig. 2.   Fig. 4.   Fig. 3.   Fig. 6.   Fig. 12.

Vus de face.

Fig. 3.   Fig. 5.   Fig. 10.   Fig. 6.   Fig. 11.

Vus par dessous.

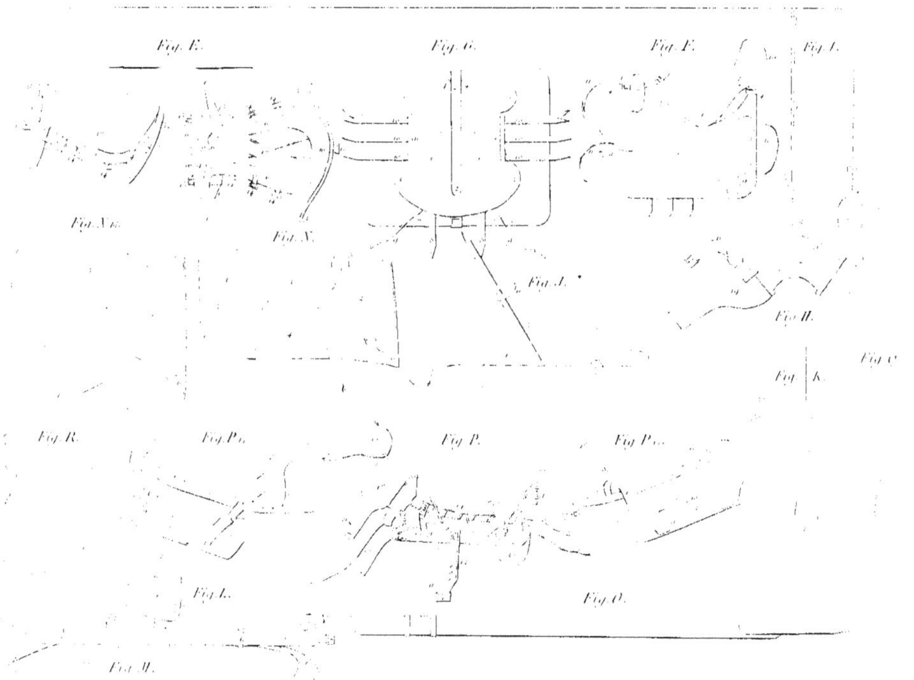
Fig. F.
Fig. G.
Fig. E.
Fig. I.
Fig. M.
Fig. N.
Fig. L.
Fig. H.
Fig. C.
Fig. K.
Fig. R.
Fig. P.
Fig. P.
Fig. P.
Fig. L.
Fig. O.
Fig. M.

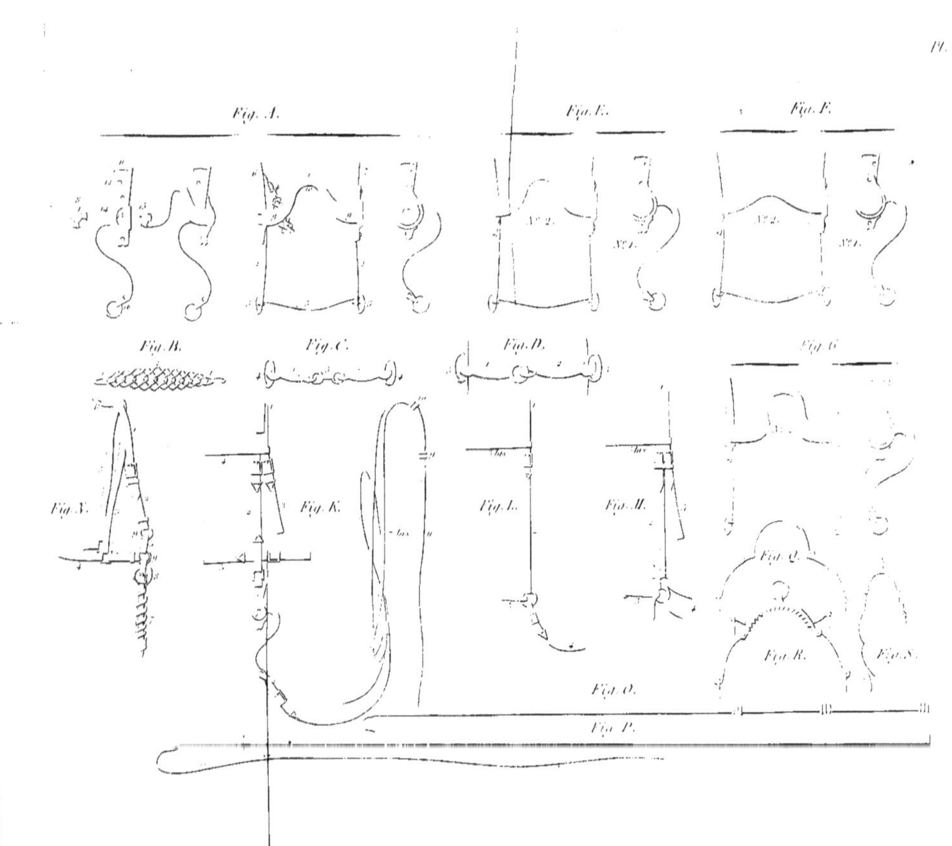

Fig. A.
Fig. E.
Fig. F.
N.º 2.
N.º 1.
N.º 2.
N.º 1.
N.º 2.
N.º 1.
Fig. B.
Fig. C.
Fig. D.
Fig. G.
Fig. N.
Fig. K.
Fig. L.
Fig. M.
Fig. Q.
Fig. R.
Fig. S.
Fig. O.
Fig. P.

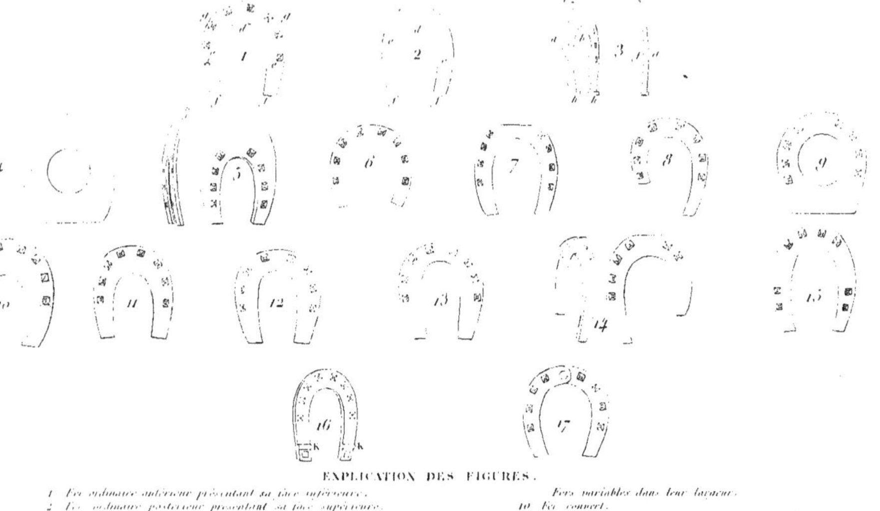

EXPLICATION DES FIGURES.

1 Fer ordinaire antérieur présentant sa face inférieure.
2 Fer ordinaire postérieur présentant sa face supérieure.
3 Fer ordinaire vu de [3/4] et de profil, indiquant l'ajusture, j.

a Bord externe.
b Bord interne.
c Pince.
d Voûte.
e Branches.
f Éponges.
g Étampures.
h Crampons.
i Pinçon.
j Disposition de l'ajusture.

Fers variables dans leur longueur.

4 Fer à pince prolongée.
5 Fer à la françatise.
6 Fer à éponges tronquées ou à lunette.
7 Fer à pince tronquée.
8 Fer à une seule éponge tronquée, ou demi-lunette.
9 Fer à éponges rivées ou à planche.

Fers variables dans leur largeur.

10 Fer couvert.
11 Fer mi-couvert.
12 Fer à une branche couverte.
13 Fer à branches couvertes.
14 Fer à demi-branche, dite à la turque.
15 Fer à étampures irrégulières.

Fers divers.

16 Fer à boucles. K Boucles.
17 Fer à charnières ou à tout pied